ネコに好かれる
暮らし方ガイド

# ネコのキモチ解剖図鑑

監修／服部 幸
東京猫医療センター院長

JN169041

X-Knowledge

# はじめに

猫と楽しく暮らしたい。猫に幸せでいてほしい。すべての飼い主の願いです。それをかなえるために知っておきたいことがあります。

猫はきまぐれな動物といわれ、ミステリアスなところが魅力です。自由奔放でマイペースにふるまう様子がそう感じさせるのかもしれません。しかし、猫はさまざまなしぐさで気持ちを雄弁に語っています。不思議に見える行動にも、すべて理由があるのです。それを読み取れれば、実はとても感情が豊かな動物であることに気づけるはずです。きっと猫の新たな魅力を知ることができるでしょう。

近年は猫の安全を守り、近隣に配慮するために完全室内飼育が推奨されています。ストレスがなく、安心した暮らしが送れるように、猫の習性に合わせた工夫をしましょう。

猫の寿命は年々延び続け、20歳を超えることも珍しくなくなりました。長く元気でいてもらうためには、適切な食事と健康管理、病気の早期発見が欠かせません。猫のためによい食事を与え、手厚い医療を受けさせたいという飼い主の愛情が長寿を支えているといえます。

猫と楽しく暮らしたい。猫に幸せでいてほしい。その願いは猫のことをもっとよく知れば、きっとかなえることができるはずです。本書では、「猫の気持ちを読み取る」「快適な生活環境を整える」「適切な健康管理をする」ということを中心に解説しています。

猫と、猫を愛するすべての人に、本書が少しでも役に立てば幸いです。

# 猫のキモチを知るための10の約束

## 1 猫の体の秘密を知ってください

芝生の上を歩くアリの足音も聞こえるほど発達した聴覚を持ち（P16）、高いところからの着地も得意（P70）。

でも、弱点もたくさんあることを知ってね（P12〜24）。

## 2 猫が人に伝えようとしている気持ちを察してください

鳴き声や表情、しぐさを使って私たち猫は、豊かな感情表現をしているんだよ（P38〜64）。

## 3 人が好きなにおいや食べ物には猫の毒になるものがあります

アロマや植物など、人間が当たり前に触れているものの中には、私の命に関わるものがあるの（P20・124）。

## 4 猫の普段のしぐさをよく観察してください

しつこく体を舐めたり、関節を気にしたりしているときは病気の可能性も（P22・46）。

普段の様子をよく観察して、様子がおかしいときは病院に連れて行ってね。

## 5 家の中でマーキングしても怒らないでください

爪とぎやスプレーなど、マーキングはどうしてもしてしまうもの。

去勢・避妊手術で防いだり、爪とぎ板を家具につけたりしておいてね（P64・96・98・134）。

## 6
## 部屋の中に高いところと狭いところをつくってください

私は高いところに登ることと、狭いところに隠れることが大好き（P70・72）。安心できる大切な居場所です。

## 7
## 猫が外に出たときのリスクを考えてください

窓から外を見ることは好きだけれど、外に出たいわけじゃないの（P84）。

外に出る猫に比べて家で過ごす猫は、約3年も長くあなたと一緒にいられるよ（P144）。

## 8
## 毎日のお手入れでケガや病気を予防してください

ブラッシング（P88）や歯みがき（P90）、爪切り（P92）を欠かさずしてね。
忘れているとケガや病気のもとになっちゃうの。

## 9
## 猫が満足するまで遊んでください

室内飼育の猫は、どうしても運動不足になりがち。毎日少しでいいから一緒に遊んでね（P108）。

## 10
## できれば、いざというときに備えて貯金をしてください

私の一生には約130万円かかります。少しずつでいいから、私のために貯金をしてください（P148）。

# 目次

ブックデザイン：細山田デザイン事務所（米倉英弘）
組版：シナノ出版印刷（水澤仁太郎）
編集協力：ナイスク（松尾里央、石川守延、尾澤佑紀
溝口弘美、金子志緒）
イラスト：伊藤ハムスター
印刷・製本：シナノ書籍印刷

# 第1章

# 猫のカラダのヒミツ

暗やみで猫の目がピカッと光るのは人にはない「タペタム（輝《き》板《ばん》）」という反射層のせい。人の目より40%も効率よく光を集めます。

猫のカラダ

# 美しい目に隠された秘密

## 猫は視力が悪い動物

動くものを素早くとらえる猫ですが、その視力は、意外なことに0.2～0.3程度。動かないものを見る「静体視力」を「動体視力」ほどは必要としなかったからでしょう。

猫は夜明け頃や日没後に活動する動物です。昔は夜行性と考えられていました。そのため、暗がりの暮らしに適した目を持っています。獲物や敵を見つけるために、優れた動体視力と広い視野を備えています。

また、瞳孔は人の約3倍まで大きくなり、光の感度は6倍以上に。暗がりでも動くものに敏感に反応できます。

1

## 止まっているものには気づかないことも

静体視力はいまひとつなので、動いていないものに反応しないことも。広い視野や光の感度の高さ、優れた聴覚で、視力の悪さを補っています。

**赤は認識できない**

青や黄といった色は認識できるものの、赤は認識できず、黒っぽく見えているといわれています。

2

## 明るさと感情で変わる瞳孔

明るいところで瞳孔が小さくなるのは、目に入る光を絞り、網膜を保護するため。暗いところでは、光の感度を高めるために大きくなります。興奮や恐怖を感じたときも瞳孔が広がります。

**目に感情があらわれる**

猫の感情は瞳孔にあらわれます。瞳孔の動きとともに、ヒゲや耳もリラックスしているときや興奮しているときに変化します（P25・43）。

3

## 宝石のようなキトン・ブルーの目

生まれたての子猫の目はみな青く見えますが、生後約3カ月で色素が出て緑や黄色に変わります。一方、シャムやヒマラヤンなどの猫種は、成猫になっても青い目をしています。目の色が青い猫は、体温の高い部位で色素がつくれないという遺伝子を持っています。

**体の先端が黒く、目は青い**

シャムやヒマラヤンなどの猫種の耳や鼻、足、尾の色が他の部位より濃いのは、体の端部の体温が低く、色素がつくれるから。こうした毛色をポインテッドといいます。一方、目の中は体温が高く、色素がつくれません。この現象に関係する遺伝子を「温感感受性遺伝子」といいます。

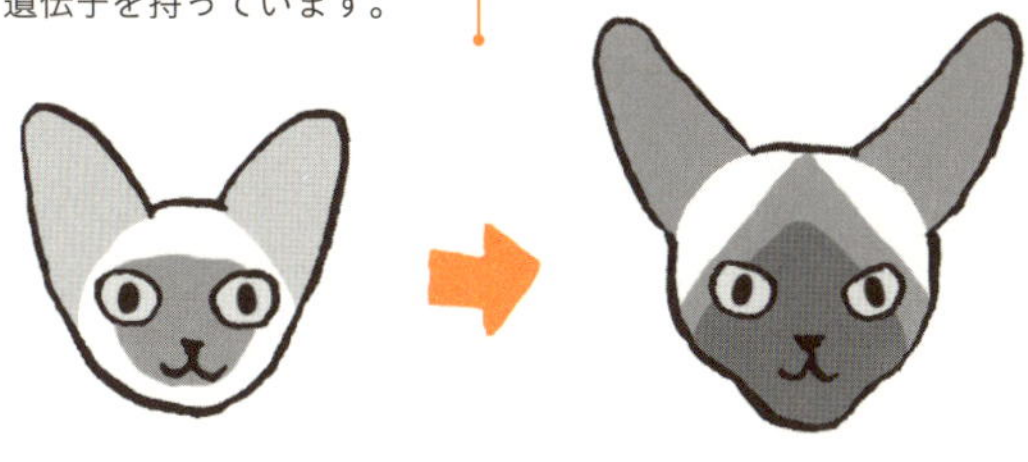

猫のカラダ

# 目の異変が示すカラダの不調

目の異変は病気の可能性大。まばたきの回数や涙の状態などを日々欠かさずチェックします。

## 目が開かない・閉じないは病気のサイン

頻繁にまばたきをする、まぶたが腫れて目を開りられないといった目の異変は、病気が疑われます。

猫は角膜表面の感覚が鈍いので、ゴミが入った程度ではあまり気にならないようです。まばたきが数分に1回程度と少ない理由も、感覚の鈍さにあります。

しかし、目の周辺は意外にトラブルが起きやすいところ。まぶた以外にも、その下にある瞬膜に異常が起きることも。涙や目やにが出続けるなどの症状が見られたら、動物病院へ。

1

## 目やに・涙が出る

目やにが黄〜緑色、白色の場合は細菌感染が疑われます。涙が止まらないようなときは、角膜などが傷ついている恐れも。エリザベスカラーを装着して目をかけないようにするのもよいのですが、初めての猫だと嫌がってパニックになることも。エリザベスカラーを装着したときには、人間の指が1本入るくらいの余裕があることを確認しましょう。

**鼻が低い猫は**

鼻が低いペルシャのような猫種は、涙管が狭く、涙があふれやすい傾向にあります。こまめに拭き取ってあげましょう。

**元気がなければ白目を見る**

黄疸《おうだん》が出ている状態で、猫が健康体であるというケースはありません。

2

## 白目が黄色っぽい

白目は肝臓病の症状である黄疸《おうだん》があらわれるところ。猫の白目は普段はほぼ見えないので、上まぶたをめくってチェックする習慣をつけましょう。

3

## 瞬膜が出ている

瞬膜はまぶたの下にある、目の保護用の膜で、まぶたを閉じているときに使われるものです。目頭から目尻に向かって、瞬膜が目を覆うように広がります。平常時に瞬膜が出たままになっていたら病気かもしれません。

**白目に見えるものは**

瞳孔の周りに見えるものは白目ではなく、虹彩です。

**瞳孔の大きさにも注意**

白目や瞬膜の異常のほかにも、瞳孔の大きさにも注意を。大きさが左右で異なる場合は、病気の可能性があります。

猫のカラダ

# 耳は何でも聞いている

**聴覚は暗がりで獲物の動きをとらえるために、最も発達した感覚器。ただし、老いとともに衰えていきます。**

## 五感の中で最も敏感な聴覚

猫の聴覚は五感の中でも極めて優れており、人や犬より高性能。特に高音域の聞き取りが得意です。

暗がりで獲物が動いたときでも、察知できるよう発達しており、芝生の上をアリが歩く音も聞こえるといわれています。高音域が得意な理由は諸説ありますが、主な獲物であるネズミの鳴き声が高いことも関係しているようです。たとえ飼い主が呼んだときに無反応でも、猫には聞こえています。しかし、老猫は聴覚の衰えも考えられるので注意しましょう。

1

## 耳→鼻→目の順で頼りに

猫の感覚器は、耳が最も発達しています。次いで鼻、目の順です。暗がりでも生活できるよう進化を遂げています。

頼りにしてるぜ

### 猫のお迎え

帰宅すると、猫が玄関でチョコンと待っているなんて方も多いのではないでしょうか？ こんなとき、猫はあなたの足音や車の音を聞いて、玄関に先回りしているのです。

2

## 低い音は聞き取りにくい

猫の可聴範囲は40〜6万5000ヘルツ、人は20〜2万ヘルツです。猫は人に比べて高音域の聞き取りが得意。その反面、低音域は苦手です。

何か？

### 猫は女性になつきやすい？

人は約200〜2000ヘルツの声で会話します。男性の低い声より、女性の高い声のほうを好むため、女性になつきやすいという説もあります。

3

## 人に聞こえない音まで聞こえる

猫は何もないところをじっと見つめることがあります。そんなときは、実は人に聞こえない虫の動作音や、小動物の足音を察知したのかもしれません。

?
むむっ

### 気づきにくい耳の老化や病気

猫は人に呼ばれても、聞こえないふりをすることがあります。人間と同じで応答したくないときはしないのです。ただ、いつも通り「ふり」をしていると思っていたら、実は老化や病気で難聴になっていたということも。正確に聴力を把握することは難しいですが、雷や鍋が落ちるなどの大きな音にまったく反応しない場合は、聞こえにくいのかもしれません。

猫のカラダ

# 鼻が利くのは犬だけじゃない

猫の嗅覚は聴覚の次に優れた感覚です。鼻で獲物、食べ物、外敵かどうかを判断します。嗅覚は食欲にも関わり、食事を温めると食欲が増すこともあります。

## 嗅覚は人と犬の間ぐらい

猫の嗅覚は聴覚に次いで発達しており、人と犬の中間ぐらいの性能です。

嗅覚の性能は、鼻粘膜の「嗅覚受容体」の数に左右されます。人は嗅覚受容体を１０００万個、猫は６５００万個持っています。警察犬として活躍するジャーマンシェパードという犬種は、2億個持っていますので、さすがにかないません。鼻が低い猫種は鼻腔内が狭いので、嗅覚はやや劣るかも。嗅覚は獲物の探索のほか、食べ物や外敵を嗅ぎ分けるために使われます。単独で生きる動物の猫に不可欠な能力です。

## 1 ノーズタッチは猫流のあいさつ

鼻先を相手につけるノーズタッチは、猫のあいさつ。人が指を近づけたときにも見られます。手のひらより圧迫感が少ない指が好まれるようです。

クンクン……

**親愛の証《あかし》**

ノーズタッチは、仲のよい猫同士が出会ったときに鼻をくっつけ合うあいさつと同じもの。あなたに気を許している証拠です。

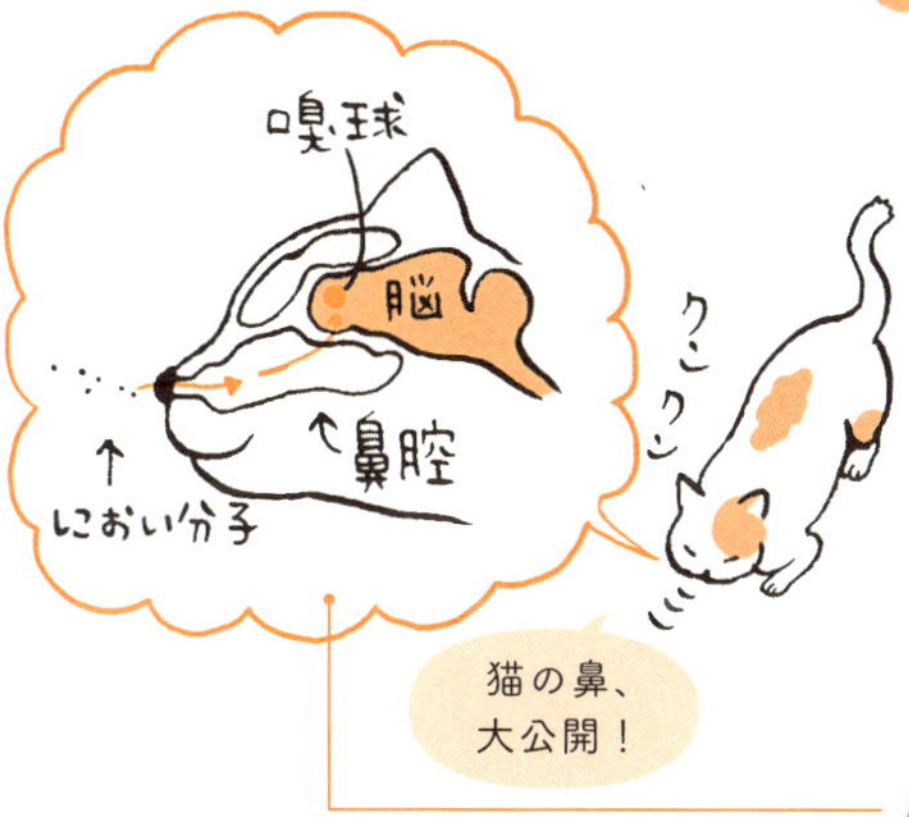
嗅球
脳
鼻腔
におい分子
クンクン
猫の鼻、
大公開！

## 2 猫の鼻の構造

鼻腔内に入ったにおい分子は、嗅細胞に感知され、電気信号によって脳に情報が伝達されます。飼い主をはじめ、多くのにおいを記憶しています。

**人の鼻にあって猫にないもの**

猫には鼻毛が生えていません。鼻毛はホコリが鼻の奥に入らないように、フィルターの役割を果たしますが、猫にはないのです。その理由はまだわかっていません。

## 3 ミントが好きで柑橘系が嫌い

人の歯みがき粉に使われるミント系を好む猫は多いようです。しかし、同様に爽やかな柑橘系は、不思議なことにいまひとつ。個体差もあります。

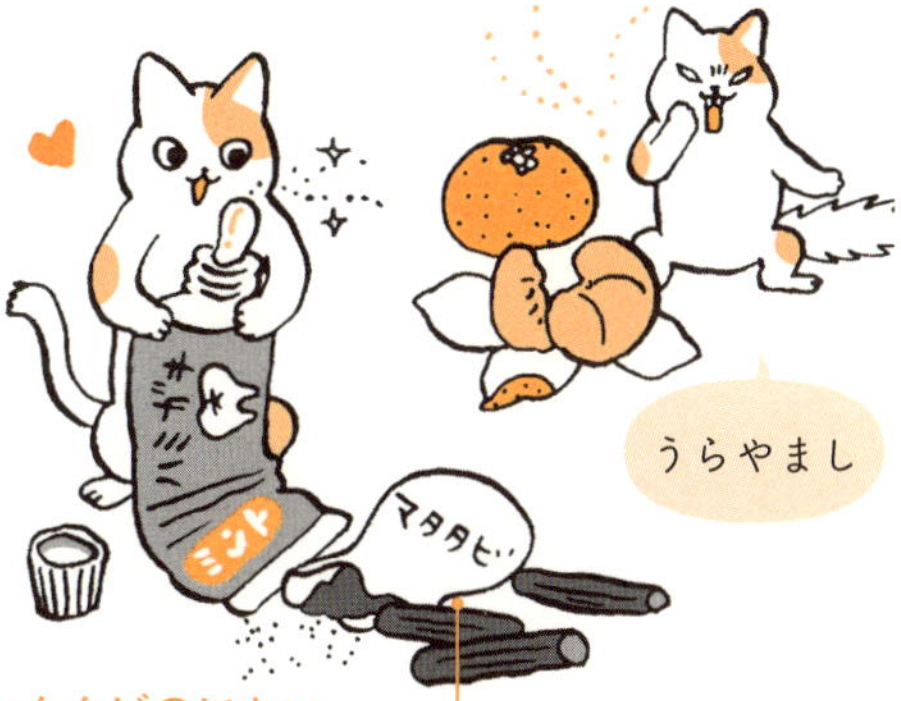
ミント
マタタビ
うらやまし

**マタタビのにおい**

猫が好きなにおいにマタタビがあります。少量であれば、ストレス解消や食欲増進の効果がありますが、大量に使用すると呼吸困難を起こしてしまうことも。

猫のカラダ

# 鼻は湿って当たり前？

長期間にわたり、鼻水が見られる場合は、詳しい検査が必要です。こまめに拭き取り、早めの受診を。

## くしゃみや鼻水は猫風邪かも

健康な猫の鼻は適度に湿っています。においの分子は湿ったものに吸着しやすく、湿っているほうが多くのにおいの情報を集められるからです。

猫の鼻は、微量の鼻水と毛細管を通った唾液が分泌されることで、適度な潤いを保っています。とはいえ、鼻水が垂れるほど大量に出たときはウイルス性上部気道感染症などの病気の可能性が。鼻血が出た場合は腫瘍も疑われるので、すぐに動物病院を受診しましょう。鼻水や鼻血の量や出た時期、色や形状を獣医師に伝えます。

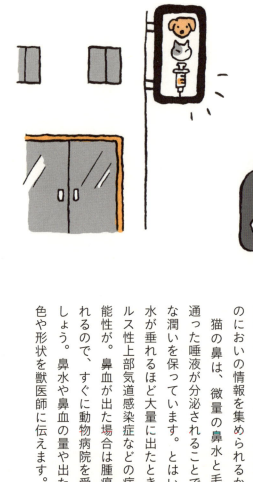

## 1
## 寝起きでもないのに乾いていたら要注意

平常時は湿っている鼻ですが、寝ているときや寝起きは乾いています。もし起きているときに乾いていたら、脱水症状かもしれません。水の温度を変えたり、風味付けしたりして、水を飲んでもらう工夫をしましょう。

**乾燥と嗅覚**

鼻が乾く原因のひとつに、空気の乾燥があります。空気が乾燥していると、鼻の粘膜も乾燥しがちに。粘膜が乾燥すると、その部分の局所免疫が低下するので、風邪を引きやすくなります。冬場は加湿器が必要です。

## 2
## 人にとってのいいにおいも猫には猛毒

植物性由来のアロマオイルは、猫にとって猛毒なこともあるので置かないように。被毛に付着したにおい分子が毛づくろい（グルーミング）で体内に入り、植物の代謝が苦手な猫に害を与えます。

**アロマオイルの危険性**

アロマオイルを1ccつくるためには、植物が大量に必要になります。アロマオイルを1cc舐めてしまったら植物を何キロも食べたことになり、場合によっては死んでしまいます。

## 3
## 猫の近くでタバコを吸わない

喫煙者と暮らす猫のリンパ腫という悪性腫瘍の発症率は、非喫煙者と暮らす猫の約3倍です。副流煙の吸引に加え、被毛に付着した有害物質をグルーミングで口にすることが原因と考えられています。できれば禁煙、難しければ猫の近くでは吸わないようにしましょう。お線香やお香も猫のいる部屋では焚かないほうが無難です。

**リンパ腫のリスク**

猫に多い病気のひとつが、リンパ腫という悪性腫瘍。飼い主の喫煙はその発生率の増加原因として解明されています。

猫のカラダ

# 舌は味わうだけじゃない

舌は飼い主に愛情を伝え、食事や飲水、毛づくろいに役立ちます。ときには舐めるしぐさで体の異変を知らせます。

## 猫に舐められるのは愛情のしるし

仲のよい猫たちは互いをグルーミング（毛づくろい）します。主に自分の舌が届かない顔周りを舐め合うのです。飼い主の手や顔を舐めるしぐさにも、親愛の情が込められています。なお、自分の体をしつこく舐めるときは、かゆみや痛みがあるのかも。念のためその部分を確認しましょう。

また、猫の舌は味覚器でもあります。毒物を避けるため苦味を強く感じ取りますが、旨味も感じることができます。一方、塩味と甘味を感じることは苦手です。

## 1
## クシやヤスリになる猫の舌

猫の舌にはトゲのような突起物があります。毛づくろいのときにはクシになり、食事のときは肉を削ぎ取るヤスリのような働きをします。

ざり
ざり

### 舌のザラザラの正体

猫に舐められると、痛いようなくすぐったいようなザラザラとした感触があります。猫の舌には「糸《し》状《じょう》乳《にゅう》頭《とう》」と呼ばれる突起があるのです。

ジロジロ見んなよ

## 2
## 水を飲むときにも活躍

猫は、舌をJの形の逆にして水につけ、素早く舌を引き上げたときに立つ水柱を口に入れることで飲水します。重力と慣性を利用したすばらしい技といえるでしょう。

### 水の飲み方にも好みが

舌をJの形の逆にして飲むのは、容器から水を飲むとき。そのほかにも、蛇口から垂れる水が好きな猫など、水の中でも好みがあります（P30）。

## 3
## しつこく舐めるときは要注意

同じところをしつこく舐める場合、毛をかき分けて舐めているところを確認しましょう。異物が刺さっているかもしれません。皮膚病や精神的な問題の場合もありますので、まずは病院で検査し、原因をつき止めましょう。

### 観察のポイント

舐めている個所や皮膚に、湿疹や赤みなどの変化があるか、歩き方の変化、トイレの回数の増加がないかなどを観察し、獣医師に伝えます。

気にし出したら
止まらない

猫のカラダ

# 立派なおヒゲのスゴイ役割

猫のヒゲは知覚神経が豊富にある高感度センサー。生まれたての子猫もヒゲの感覚で、お母さんのおっぱいを探すほど。

## 全身にあるヒゲ

ヒゲは猫が暗がりで活動するために欠かせません。五感の中では触覚にあたり、聴覚と並んで重要です。ヒゲは口周り、頬、目の上、前足首の裏に生えている、長く硬い毛の総称です。根元に神経が集中しているので、空気のわずかな振動を感じ取り、情報を素早く脳に伝えます。ヒゲの先が0.1㎜動いても感じ取れるほど、優れた高感度センサーです。

また、顔周りのヒゲは円を描くように生えています。ヒゲの先端をつなぐように描いた円の大きさは、猫が通れるサイズになります。

## 1 ヒゲも気持ちで動く

しっぽの形（P54）と同じく、ヒゲも感情によって動きます。対象物に興味があれば前へ、恐怖を感じれば後ろへ向きます。狭いところを通れるかどうかの判断の際は、顔を少し突き出してヒゲを当てて、判断します。

ロックオン……

### ヒゲと感情

怒りを感じているときもヒゲは前を向きます。リラックスしたり、満足したりしているときはヒゲは張らず、自然に垂れます。

## 2 抜けたら生えてくる

ヒゲは定期的に抜け落ち、生え変わるもの。そのサイクルには個体差があります。

### とても素敵な猫のヒゲ

ヒゲを英語でwhiskersといいます。「the cat's whiskers」というと、「とても素敵なこと」という慣用句になります。抜けたヒゲを保管する愛猫家のためのケースも市販されています。

## 3 抜かれるのは痛い

被毛と同じく自然に抜け落ちたときに痛みはありませんが、抜かれたときは痛みを感じます。触感を司る重要なセンサーなので大切にしましょう。

抜いたら
許さないから

### 他の被毛より太いヒゲ

体を覆う被毛は直径0.04〜0.08mm。ヒゲは直径0.3mmほどです。猫種や個体差もありますが、被毛に比べヒゲは約3〜6倍太いことになります。

### 大切な猫のヒゲ

ヒゲは他の毛より3倍も深く皮膚に埋まっています。昔の迷信で「猫のヒゲを抜くとネズミを捕らなくなる」といわれるほど、猫のヒゲは大切なセンサー。ちなみに猫が動かせるヒゲは、口周りのヒゲに限ります。

カラダをつくる

# 健康なカラダは食事から

与える食事は「総合栄養食」と表記されたフードを選び、1日の摂取量を守ることが大切です。

## 一度に食べ切らない「だらだら食べ」でもOK

食事は1日2回など、与える回数にこだわることはありません。フードが置かれたら、一度にしっかり食べ切る猫もいれば、自分の好きなときに少しずつ食べる、いわゆる「だらだら食べ」をする猫もいます。どちらにしても、1日のフードの摂取量が守られているなら問題ありません。

フードボウルが空になったからと次々に追加していると、食べすぎ・与えすぎになる恐れがあります。肥満が「百害あって一利なし」であることは人も猫も同じです。

## 1
## ドライタイプのフードと水があれば十分

栄養が偏ったり、不足したりすると病気の原因になります。キャットフードは大きく分けて、ドライフードとウエットフードがあります。ドライフードはウエットフードに比べ、保存性がよく長時間食器に出しておけます。

うまいの頼むよ

### 常に新鮮な水を用意する

ウエットフードは75～80％も水分を含んでいますが、ドライフードは5～10％しか含みません。常に新鮮な水を用意しておく必要があります。

食べ終わったらね

## 2
## ウエットフードの注意点

ウエットフードを食べる猫は歯垢《しこう》がたまりやすいため、歯みがきの必要があります。またドライフードに比べ、値段が高く、夏場は腐りやすい面があります。

### 主食には総合栄養食

キャットフードには「総合栄養食」と「一般食」があります。一般食は栄養素が偏っているものもあります。ウエットフードは一般食であるものも多いので、主食にする場合は「総合栄養食」を。

## 3
## 成長に合わせたフードを与える

子猫、成猫、老猫で必要となる栄養には違いがあります。キャットフードもライフステージに合わせ、さまざまな種類が販売されています。成長に合ったものを選びます。

Kitten
Adult
Old

### 必要な栄養素は変わる

成長や加齢に合わせて、必要な栄養素は変わります。栄養不足や肥満、病気を防ぐためにも、ライフステージごとに食事には注意を払いましょう（P156）。

## 4
## 体重に合わせて与える量を守る

1日に必要な摂取量は、キャットフードの裏に記載されていることが多いので確認してみましょう。猫の体重に合わせて計量し、与えるようにします。

**カロリー決定の3要素**

必要カロリーは体重、ライフステージ、体格の3つの要素で決まります。1日に必要なカロリーの計算式は非常に複雑なので、パッケージの裏の表示を確認しましょう。

## 5
## 運動量に合わせて調整する

猫によって、運動量には違いがあります。同じ量の食事を与えていても、運動量が少ないと太ってしまうため、運動量を考えながら食事の量を調整します。

**体格、活動レベルに合わせて減らす**

パッケージに記載されているグラム数はあくまで目安。記載されているグラム数を食べても太ってしまう猫は10〜20％減らします。

## 6
## 余裕があればプレミアムフードを

安いフードと高いプレミアムフードでは、品質管理や原材料費、栄養バランスなどに違いがあります。価格は多少高くなりますが、できればよりよいものを。

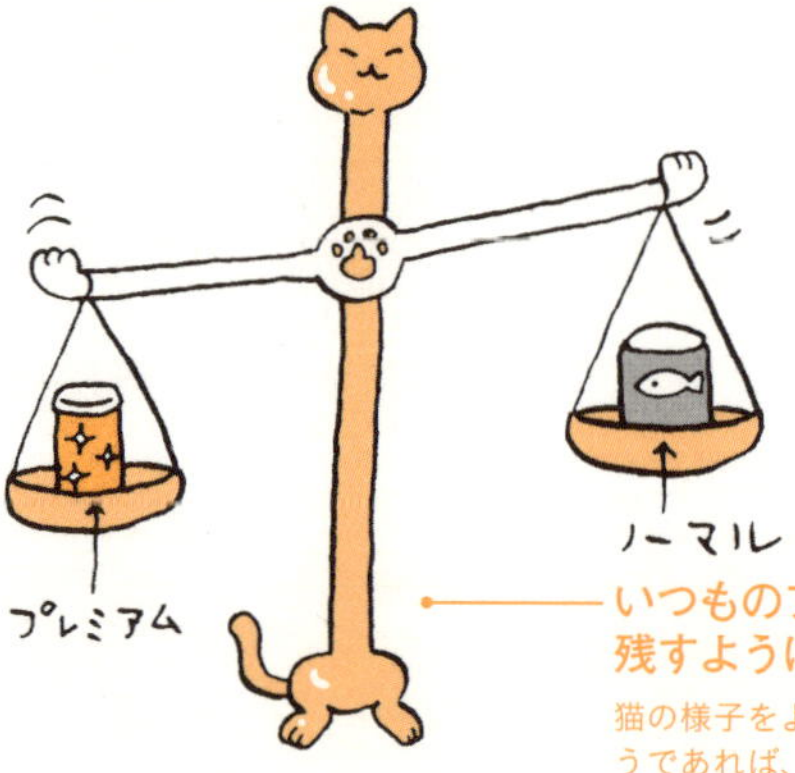


**いつものフードを急に残すようになったら**

猫の様子をよく観察して、何日も続くようであれば、動物病院で診てもらいます。猫の舌は非常に繊細。フードを食べなくなったと思ったら、添加物の種類が増えていたり、生産地（工場）が変わったりしていたという事例もあるそう。

猫の習性を考えながら食事を工夫すれば、猫の満足度もぐっと上がります。

カラダをつくる

# 気持ちよく食事させる

## 食事の器とトイレは離す

猫はきれい好きです。食事と排泄の場所は離すようにセットします。また、猫は食事と水を同時には取りません。食事と水飲みの器は、離しても、近くに置いても、どちらでもかまいません。

猫がどの味を感じるのかは解明されているものの（P22）、好き嫌いや加齢による変化はほとんどわかっていません。いつもの食事に飽きた様子を見せても、猫用ふりかけ※を少しだけかける、ゆでた鶏のささみをほぐして入れるなどで解決することもあります。

※かつお節や干し小魚などが原料の猫用につくられているふりかけ。

カラダをつくる

# 水をおいしく飲ませる

できるだけ水を飲んでもらうには、新鮮な水を用意し、猫の好みを知ることが大切です。

## 水道水・ミネラルウォーターどちらもOK

食事と同様、水を飲むことも、猫の健康のために欠かせません。水の好みは猫によりさまざまです。冷たい水、温かい水、浄水器を通した水、蛇口から流れる水、いろいろなタイプの水を試してみて、好みを見つけましょう。ミネラルウォーターは猫に与えてはいけないのでは、と思う人もいますが、「ミネラルウォーター」とは、「ボトル詰め飲料水」ということ。硬水は尿路結石のできる可能性がありますが、国産の軟水であれば、問題ありません。

## 1
## 器は常に清潔<br>口が広いものを

猫は新鮮な水を好みます。水が減ったら足すのではなく、毎回洗って清潔に保ちます。ヒゲが器に当たると嫌がる猫もいますので、口が広い器の用意を。

**トイレから離れた場所に置く**

猫は嗅覚が非常に敏感。トイレと水の器が近いと、においが気になって飲んでくれないことも。器とトイレは離しましょう。

## 2
## 水は複数個所に<br>用意する

猫は水を飲む場所を1カ所に決めてはいません。水の入った器を複数置いてあげたほうが理想的なのです。多頭飼いの場合は、共有するのではなく、頭数分は必ず用意を。

**猫と食器の数**

猫は他の猫や犬と食器を共有することを好みません。

## 3
## 飲水量の増減は<br>病気を疑う

体重1kgあたり50cc以上飲んでいたら病気の兆候と考えます。普段の飲水量を覚えておきましょう。一方、水を飲まなすぎると、膀胱炎を発症するほか、尿結石の原因にもなります。猫の好みに合う水を試して、飲んでもらえるようにしましょう。

**老猫は腎臓病を疑う**

老猫が水を飲みすぎる場合は、腎臓病を疑います。また、甲《こう》状《じょう》腺《せん》機《き》能《のう》亢《こう》進《しん》症《しょう》や糖尿病も水をよく飲む症状があらわれます（P153）。

カラダをつくる

# 排泄は1日1回以上

排泄の様子でトイレが気に入っているかどうか、排泄物のチェックで健康状態がわかります。よく観察を。

## 観察はそーっと目が合わないように

猫がトイレをしているしぐさや排泄物の状態などから、いろいろな情報が得られます。通常、猫はトイレで砂を掘り、そこに排泄し、排泄したものを埋めるように砂をかいてから出てきます。トイレの置かれた場所やトイレの容器自体を気に入らないと、排泄を我慢してしまうこともあります。

　排泄物も普段の状態をよく知っておくことが大切です。便の硬さや色、回数、形、においの変化などを毎日しっかりと観察します。おかしいと思ったら、動物病院で診てもらいましょう。

## 1
## トイレが気に入らないサインを知る

排泄物を砂に埋めない、あまり砂をかけないですぐに出てくる、トイレとは別の場所をかこうとするなどは、トイレが気に入らないサインです。

お手拭きじゃありません

**トイレのあと、壁をかいているときは**

一見、手を拭いている上品なしぐさのようですが、実はトイレを気に入っていないサインです。トイレの大きさ、砂の種類、量を変えてみるとよいでしょう。

## 2
## 排泄したらすぐに掃除する

猫はきれい好きで、においにも敏感。トイレが汚れたままだと、入ろうとしません。排泄したらすみやかに掃除してあげましょう。

きれい好きなの

**定期的にトイレ容器の掃除を**

2〜4週間に一度は砂を全部取り替えましょう。その際、トイレの容器も掃除するのがおすすめ。柑橘系の洗剤はにおいが猫好みではありませんので、違う洗剤を使うように。

## 3
## 3日便秘は要注意

正常な便はミルクチョコレート色で、適度な硬さがあります。回数は1日1〜2回が基本です。軟便や下痢のほか、便秘が3日以上続く場合は要注意。また、血液が混ざった赤い尿や肝不全が原因のオレンジ色の尿が出たら、病院に行きましょう。

1
2
3

**「の」の字マッサージで排便を**

1日1回排便をしていれば心配ありません。もし便秘が続くようなら、「の」の字を描くように、指の腹でお腹をマッサージします。

高いところや狭いところに猫ベッドを置いておくとよいでしょう。睡眠時間など何かしら変化があったら要注意です。

カラダをつくる

# 寝るコは育つ

## 猫は1日に16〜17時間も寝る

猫は人間と比べてとても長い時間寝る動物です。もともと狩りをする以外は、体力を温存するために、寝て過ごしていたといいます。今もその習性が残っているのです。

また、猫が寝るのは、家の中でもお気に入りの場所です。低いところよりも高いところなどと、自分の身を守るために安全で、なおかつ落ち着ける場所を本能的に好むようです。気候や季節によって好みの変化はありますが、心地よく眠れる場所をいくつも用意してあげるとよいでしょう。

1

## 夜の運動会の理由

野生の猫は、狙っている獲物に見つからないよう、薄暗い時間に狩りをします。夜、電気を消すと活発に動き回るのは、暗くなったため、狩りの時間と勘違いしているから。

### 狩りの練習

遊びの一環で狩りの練習をしていると考えられています。多頭飼いの場合、仲のよい猫同士であれば、鬼ごっこの鬼を交代しながら遊んでいるのではないでしょうか。

2

## エアコン使用時はドアを開け、快眠対策

夏場などエアコンの冷風が直接当たるのを嫌がる猫は多いようです。目が覚めたとき、エアコンのない部屋に移動できるよう、ドアを開けておくなど工夫してあげます。

### 居場所を求め移動する

室内飼育だからといって、じっとしているわけではありません。家の中を歩き回って、寝場所やお気に入りの場所を移動しているのです。

3

## 普段より大きないびきは鼻のがんかも

猫もいびきをかくことがあります。ただし、いびきの音が大きくなったら要注意。鼻の中にがんができた可能性も考えられます。鼻は悪性腫瘍ができやすい部位なのです。

### 寝姿にも注目

寝姿は特にこの寝姿が危ないという姿勢はありませんが、普段と違う姿勢で寝ていたら注意しましょう。関節の痛みが原因のことも。

COLUMN

# 1

# 猫との出会い方

猫を飼う前に、性別や猫種を決めましょう。猫の性格（Ｐ107）、猫種別のかかりやすい病気（Ｐ150）などをもとに検討すれば、ご家庭に合った猫を迎えられるはず。主な入手先は、譲渡会、ブリーダー、ペットショップです。

譲渡会は自治体や動物愛護団体などが保護した猫が中心。子猫から成猫まで幅広く、雑種や純血種など多種多様です。譲渡前に猫の健康診断を済ませるケースもありますが、健康状態がわからないこともあります。

ブリーダーは特定の純血種を育成しています。飼いたい猫種が決まっている方に適しています。純血種は種類によってはかかりやすい病気があるので、ブリーダーか、譲り受けた後に動物病院で遺伝疾患の有無を確認したほうが安心です。

ペットショップには、ブリーダーのもとである程度成長した子猫が並びます。数種類以上の純血種を、見たり触れたりしてから選べます。

そのほかにも、野良猫を拾う、知人から譲り受けるなど、さまざまな出会い方があります。その後の飼い主の育て方が性格や健康に大きく影響します。猫を迎えたら、適切な食事や環境を与え、よい関係を築きましょう。

第2章

# 猫のしぐさ、行動からキモチを読み解く

猫の鳴き声はおおまかに分類すると、約20種類といわれています。積極的に理解する努力をしましょう。

猫のしぐさ

# 鳴き声で感情を理解する

## 鳴き声と状況からくみ取る

子

猫が鳴くのは、母猫に自分の居場所を教えるときや助けを求めるとき。また、猫同士による鳴き声でのコミュニケーションはケンカの威嚇や発情期にも見られます。一方、人と暮らす猫も、さまざまな鳴き声で「気持ち」を伝えようとします。この場合、鳴き声が人とのコミュニケーションツールになっているといってよいでしょう。

気持ちを正確に読み取るためには、鳴き声に加えて表情（P42）、しぐさで状況の確認を。猫はきっと雄弁に語っているはずです。

## 猫の鳴き声と感情

| 頻度 | 鳴き声 | 訳 | 説明 |
|---|---|---|---|
| よくある | ニャー  | 「〇〇して」 | 「食事や遊びを要求する声」<br>人に対して最も多く向けられ、食事、遊び、マッサージなど、さまざまなおねだりに使われる声。不満の場合もあるので、しぐさや状況の確認を。 |
| | ゴロゴロ  | 「気持ちいい」 | 「リラックスしている音」<br>のどの奥で発する音。要求に使う場合も。生後間もない頃から発するので、母子のコミュニケーションに関係する説もあるが、詳しいメカニズムは不明。 |
| たまにある | ニャ  | 「やあ！」 | 「あいさつ代わりの一声」<br>飼い主を見つけたときや名前を呼ばれたときに、あいさつするかのような一声を上げる。人に向けられる代表的な声。特に親しい猫に対して鳴くことも。 |
| あまりない | シャー・ウー  | 「来るな！」 | 「相手を追い払うための声」<br>縄張りへの侵入者、気に入らない者、外敵などに向ける威嚇の声。争いを避けることが目的なので、相手が立ち去ればケンカに発展することはない。 |
| | ギャアー  | 「痛い！」 | 「悲鳴のような声」<br>人に尾を踏まれたり、猫に噛みつかれたりしたとき、自然に口から出る悲鳴のような声。この声を発したらケガを負った可能性があるので、念のため確認を。 |
| 猫による | ウニャウニャ  | 「おいしい」 | 「ごはんに喜ぶ声」<br>待ちに待ったごはんを食べるとき、うれしくて独り言のように鳴くことがあり、猫流のおいしさの表現とも。獲物を捕らえた気分になっているのかも。 |
| | カカカカ  | 「襲いかかりたい」 | 「獲物に興奮した声」<br>猫じゃらしで遊んでいるとき、窓の外に虫や鳥を見つけたときなどに発する。襲いかかりたいのにできない状態が続き、興奮ともどかしさをあらわす。 |
| | アーオー  | 「恋人募集中♥」 | 「発情期の鳴き声」<br>発情期のメスがオスを呼んだり、オスがそれに応えたりするときの声。自己アピールのために大きい声を出す。オス同士の威嚇で使われることも。 |
| | フー・フッ  | 「ホッ」 | 「一安心したときの声」<br>緊張が続いた状況でそれが解けたとき、安心した拍子に漏れる声。集中を解いたときにも。鳴き方には個体差がある。 |

猫のしぐさ

# 夜鳴きは病気のサイン

夜鳴きは発情期の声より、少し低い声で鳴きます。猫も人もストレスとなるので、原因にあった対処をしましょう。

## 夜鳴きをしたら病気を疑う

13歳をすぎた高齢の猫が夜鳴き※を突然し始めたら、病気の可能性が高いので動物病院を受診しましょう。

夜鳴きの原因には、甲状腺《こうじょうせん》機能亢進《きのうこうしん》症《しょう》、脳腫瘍《のうしゅよう》、高血圧などの病気（P153）をはじめ、認知症も考えられます。夜鳴きの声は大きいので、家族がつらいだけでなく、周囲にも迷惑がかかってしまいます。動物病院に行き、早めに原因を突き止めて、必要な治療をしましょう。

若い猫もまれに夜鳴きをしますが、体力の発散や何らかの要求が目的です。

※昼間に夜鳴きと同じ症状が出ることもありえますが、昼間は大きな音が気にならなかったり、飼い主が外出していて問題になるケースが多くありません。

## 1

## 一定のリズムで「クオーン」と鳴く

夜鳴きの主な特徴は、遠吠えのように大きな声、発情期の声より低いトーン、単調なリズム、無目的。これらを異変のサインとして覚えておきましょう。

### 夜鳴きの特徴

夜鳴き自体にきちんとした定義があるわけではありませんが、特徴として、一点を見つめながら鳴きます。鳴くというより吠えるといった表現が近いかもしれません。

## 2

## 若い猫は夜鳴きをしない

若い猫もまれに夜鳴きをしますが、遊びなどの要求であることが大半（P38）。頻度も多くありません。13歳をすぎた高齢の猫に注意しましょう。

### 夜鳴きはどのくらいで終わる？

猫の夜鳴きは、何かの要求というわけではなく、目的がありません。そのため、夜鳴きは始まりや終わりのきっかけがないことがないことが多いのです。

## 3

## 原因の病気を治す

病気の治療によって原因の病気が治り、収まることもありますが、認知症など治療で完治することが難しい場合も。精神安定剤や睡眠薬で、生活リズムを整えてあげることも必要です。

### メモの必要性

獣医師に診てもらうときには、夜鳴きがどのくらいの頻度で起こるのかメモをして伝えましょう。スマートフォンで動画を撮るなども有効です。

猫にゆっくりとまばたきをされたら、それは親愛の証《あかし》。猫の表情は愛情表現から威嚇まで実に豊かなのです。

猫のしぐさ

# 表情でわかる猫のキモチ

## 笑顔は見せないが、表情は豊か

集団生活を営む人間にとって、笑顔は敵意がないことを示したり、円滑なコミュニケーションを図ったりするために必要です。一方、猫は他者を追い払うための威嚇の表情は浮かべますが、友好を示す人間のような笑顔は使いません。単独で生きる猫にとって、笑顔は必要ないのです。

笑顔に見える猫の表情には、フェロモンを分析する行動であるフレーメン反応※など、別の理由があります。ただし、仲良しの猫には、リラックスした表情やしぐさで親愛の情を示すコミュニケーションをとります。

※マタタビのにおいや、オス猫がメス猫の尿のにおいを嗅いだときに見られる。口を開け、上唇を持ち上げるようにして空気を吸い込む。

1

## 猫の表情と威嚇

無表情に見える猫も、実は表情で感情を表現しています。目や耳の動きに注目して、猫の気持ちを読み取りましょう。

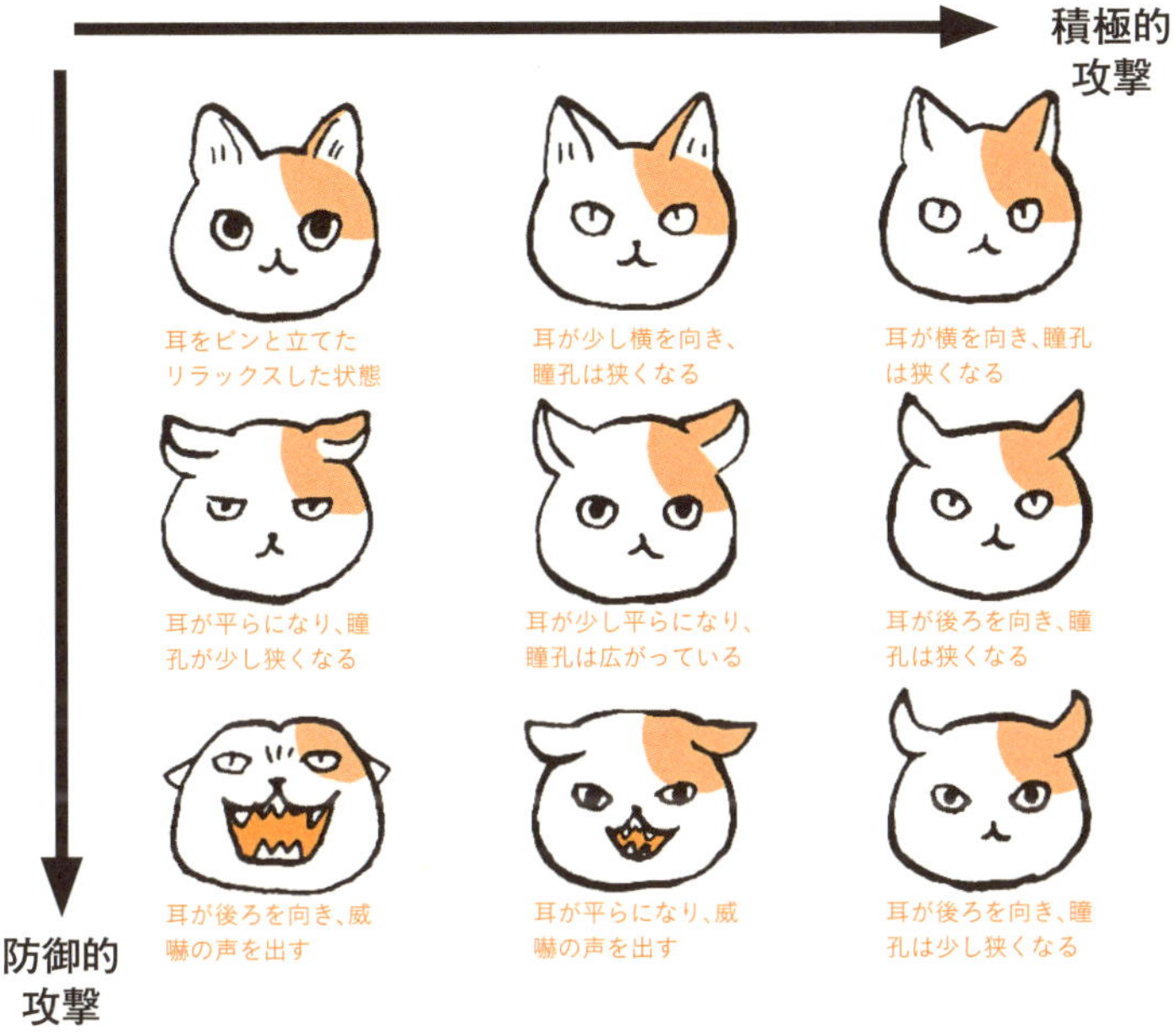
積極的
攻撃
耳をピンと立てたリラックスした状態
耳が少し横を向き、瞳孔は狭くなる
耳が横を向き、瞳孔は狭くなる
耳が平らになり、瞳孔が少し狭くなる
耳が少し平らになり、瞳孔は広がっている
耳が後ろを向き、瞳孔は狭くなる
耳が後ろを向き、威嚇の声を出す
耳が平らになり、威嚇の声を出す
耳が後ろを向き、瞳孔は少し狭くなる
防御的
攻撃

2

## 親愛の表情は耳やヒゲから読み取る

リラックスしているときの猫は、耳がピンと立っています。ヒゲからも表情は読み取れ、元気なときはピンと張り、機嫌が悪いとき、体調が優れないときは、ヒゲが下がっています。

ボディーランゲージにも注目
ゆっくりまばたきをする、相手の顔を舐めるなど、敵意がないことを示すボディーランゲージも利用します。
信頼してるよ

飼い猫は大抵リラックスしています。
病気など体調の変化に気づけるよう
平常時のポーズを確認しておきます。

猫のしぐさ

# 姿勢からキモチを読み解く

## 飼い猫特有の姿勢を知る

飼い猫は厳しい自然に生きる野生の猫と異なり、リラックスして大抵の時間を過ごします。

野生の猫は、獲物を探したり外敵を警戒したりと、無防備になることが少なめ。対して飼い猫は、ごはんや外敵の心配がない安全な環境でのんびり過ごしています。とはいえ、知らない人が家に来たときなどは警戒の体勢になったり、病気などが原因で体がこわばったりすることもあります。異変に気づけるように、まずは日頃から愛猫のリラックスのポーズを知っておきましょう。

## 1 大きく見せて強さをアピール

毛を逆立てて体の側面を向ける姿勢。自分をより大きく見せて、敵とみなした相手を追い払おうとします。自信満々のときもあれば、虚勢を張っていることも。

ガオー！

### 落ち着くまで待つ

この状態の猫は、いつでも戦える臨戦態勢。なだめようとしても無駄です。落ち着くまで待ちましょう。

## 2 恐怖で小さくなる

急な来客や大きな物音など、怖がっているときには姿勢を低くし、尾を後ろ足の間に入れて小さくなります。この姿勢で敵意がないことを相手にアピール。ただし、追い詰められると攻撃に転じます。

怖いんですけど

### やさしく見守る

この状態の猫はやさしく見守りましょう。不安定な精神状態のため、手を出すと攻撃されることも。

苦しゅうない

## 3 休むときは丸くなる

四肢の裏が床についている場合は、完全にはリラックスしておらず、すぐ逃げられるように用心している状態。リラックス時は香箱座り、足を横に崩す、仰向けの体勢になります（P66）。

### そっとしてあげて

眠気がきていることが多いこの姿勢。猫が眠そうなら無理にかまわず、そっとしてあげましょう。

ヨガで「猫のポーズ」といえば伸びの姿。猫らしいしぐさですが、何かをアピールしているわけではありません。

猫のしぐさ

# 伸びをして、気分転換

## 人も猫も気分転換に伸びをする

動物のしぐさはボディーランゲージといって、他者への意思表示に使われることも。飼い主は、猫のあらゆるしぐさに意味を求めたくなるもの。猫はよく伸びをしますが、猫の伸びはボディーランゲージではないようです。

とはいえ、体をほぐしたり気分転換をしたり、人と同じ理由で伸びをすると思えば、親近感がわくはずです。

また、伸びをしたときによいことがあれば、伸びという行動と感情が条件付けされて繰り返します。

1
## 伸びで血行がよくなる

長時間にわたって同じ姿勢を続けると筋肉がこわばり、血流が悪くなってしまいます。伸びは体をほぐし、血の巡りをよくする効果があります。

んー

**猫は床ずれしない**

同じ姿勢で長時間いると、猫も血流が悪くなります。とはいえ、体重が軽い猫は床ずれが生じにくいのです。

そろそろ起きるか

なんだなんだ
んー

2
## 気分転換にもなる

伸びをするタイミングは猫次第。遊びに飽きたときや寝起きの準備運動、気分転換にすることが多いかも。伸びの役割は人と同じようです。

**ストレッチにもなる**

遊びの前のストレッチとして柔軟性を保つために伸びをすることも。

3
## 伸びをしなくなったら関節の痛みかも……

関節に痛みがある場合、伸びをしなくなります。特に老猫は関節のトラブルが増えるので、伸びの頻度が減ります。

痛いのだ

**足の観察を**

関節の痛みから足をかばって歩くことも。どの足が、いつから悪いのか観察した上で受診を。動画を撮影して獣医師に見せることもよい方法。

大人の猫も飼い主の布団に入ってきて
ゴロゴロと赤ちゃん返りすることも。
やさしく甘えさせてあげましょう。

猫のしぐさ

# のどを鳴らして甘えタイム

## 「ゴロゴロ」の謎は未解明

猫は気分がよいときや甘えるときなどに、のどをゴロゴロと鳴らします。子猫が母乳を飲む際にも鳴らすので、このゴロゴロが安心感をあらわすという説も。とはいえ、体調が悪いときにものどを鳴らすことがあり、正確な理由は不明です。この体調不良のゴロゴロと人に甘えるときのゴロゴロは音が違います。

また、鳴るしくみは横隔膜が震えるという説があるものの、解明されていません。表情や状況と合わせ、いろいろな解釈を楽しみましょう。

## 1 元は子猫が母乳を飲むときの音

生後間もない子猫の時期からのどを鳴らすことができ、主に母乳を飲んでいるときに鳴らします。リラックスしている証拠かもしれません。

ゴロゴロ合唱団

**母乳の出がよくなる？**

子猫のゴロゴロ音で、母猫の母乳の出がよくなる、という説もあるそう。

このままでいさせて

**ゴロゴロは甘えのサイン**

あなたの膝でゴロゴロ鳴らしていたら、甘えのサイン。できるだけ動かずじっと、甘えさせてあげましょう。

## 2 甘えるときに鳴らすことが多い

フレンドリーなタイプの猫が、甘えるときにのどを鳴らすことが多いようです。鳴らす頻度やシチュエーションには個体差があります。

## 3 診察中に鳴らす猫も

物怖じしないタイプの猫は、診察台の上でもゴロゴロと鳴らします。また、体調不良のときにのどを鳴らす猫もいますが、リラックス時とは音が違います。

ゴロゴロ
今日はどこ診るの？

**治癒力が高まる？**

体調が悪いときに鳴らすゴロゴロは、骨に刺激を与えることで新陳代謝を活発にし、治癒力を高める効果があるのではという説もあります。

猫のしぐさ

# すりすりして、私のモノに

頭やしっぽをすりつけてくる「すりすり」。においをつけて、縄張りを増やし安心する甘えの行為です。

## あいさつ兼においづけ

飼い主の腕や足、家具などに頭をすりすりとつけたり、しっぽを巻きつけたりするしぐさには、あいさつとにおいづけの意味があります。

猫の顔周りやしっぽの付け根には、においの分泌腺が集まっています※。猫同士は頭をつけ合うことであいさつし、仲間のしるしとして、においをつけます。飼い主に対しては、頭よりも腕や足にすりすりすることが多め。頭の位置が高いので、妥協しているのかもしれません。においづけは縄張りを主張するマーキングにも使われ、家具などにもすりすりします。

※においの分泌腺は、額、あごの下と口周り、耳の付け根、しっぽの付け根にあります。

## 1
## 頭をつけ合う猫同士のあいさつ

猫は顔周りの中でも額、あご、口、耳のあたりに、においを出す分泌腺があります。猫同士は頭や顔をすりつけ、においを移し合って親愛を示します。人にあいさつするときも頭をすり寄せます。

**所有物兼仲良しさんに**

猫にすりすりされたら、猫の縄張りの一部と認識されます。猫にとっては所有物兼仲良しさん、となるわけ。

## 2
## 頻繁に行われるすりすり

すりすりはマーキングにもなり、縄張りや所有物ににおいをつけてアピールします。尿のようににおいが持続しないので、繰り返しこすりつけます。

**何度も繰り返す**

猫と暮らすお宅で、家具や柱の一部が黒ずんでいることがよくあります。それは猫がその位置で何度もすりすりを繰り返しているため。

## 3
## 多頭飼いでは他の猫への主張にも

オスは縄張り意識が強いので、多頭飼い（P118）の場合は互いが家具などにマーキングを繰り返します。仲が悪い場合はトラブルになるケースも。

**縄張り意識が強い猫**

猫はもともと単独行動型で縄張り意識が強い。加えて、オスは特に縄張り意識が強めです。多頭飼いの猫同士の相性は、P118を参照。

猫のしぐさ

# シャーッと鳴いて威嚇する

頻繁に威嚇するような場合は注意して。猫が今の環境に強いストレスを感じているかも。

## トラブルを未然に防ぐ魔法の鳴き声

シャーッという鋭い鳴き声は、相手に対する威嚇に使われます。猫同士の争いのほか、来客、犬などの動物、不審物に警戒して威嚇することもあります。攻撃的に見えますが、実は争いを避けるために使われる防御のための鳴き声です。威嚇の段階で相手が立ち去れば不戦勝なので、ケガを負わずに済み、体力を消耗することもありません。

威嚇の頻度が多いと、猫自身がストレスに。生活環境を見直し、安心できる場所をつくりましょう。

1

## 防御のための威嚇

「シャーッ」は攻撃というより、防御のための威嚇。鳴き声やしぐさで「来るな！」と相手を牽制。追い詰められれば、止むを得ず攻撃に転じます。

**怖いから威嚇してしまう**

自身の縄張りである家にやってくる知らない人や猫は敵と思われる可能性が。また、動物病院や外出先など緊張する場所では、恐怖から威嚇してしまうことも。

2

## 頻度は警戒心の強さに比例する

威嚇の頻度は警戒心の強さに比例します。頻度が多い場合はストレスが心配です。知らない人が来たときに隠れられる場所をつくるなど、生活環境を見直して、威嚇せずに済むようにしましょう。

**そっとしておいて**

威嚇中の猫は臨戦状態にあります。なだめても無駄ですし、手を出すと攻撃されます。落ち着くまで待ちましょう。

3

## 野生のオスの激しい縄張り争い

野生のオスはとりわけ縄張り意識が強く、境界線はトラブルが頻発。独立したばかりの若い猫は、他のオスの縄張りを奪うために争います。野生のオスの「シャーッ」は縄張り争いかメスの奪い合いで頻繁に見られます。

**縄張り争いの結末**

野生のオス同士で交わされる威嚇。どちらかが引かなければ、ケンカになります。負ければ縄張りを追い出され、別の縄張りを探すか、最悪の場合、餓死してしまいます。

猫のしぐさ

# しっぽにあらわれる猫の感情

しっぽに注目すると猫の感情がよくわかります。ピンと垂直に立てて、飼い主に近づくとき、猫は甘えています。

## 動きで気持ちが理解できる

しっぽは猫の感情がストレートにあらわれるところです。もしかしたらしっぽは表情より、気持ちを雄弁に語るかもしれません。伸ばす、曲げる、揺らす、逆立てる、などさまざまな動きで意思表示をするのです。野生のネコ科の動物もしっぽを使うので、祖先から受け継いだコミュニケーションのしぐさなのでしょう。

猫のほかにしっぽを持つ身近な動物は犬。ただし、しっぽの動きと意味はまったく違うことを知っておきましょう。

## 猫の感情としっぽ

18〜19個もの骨、12本の筋肉が生み出すしっぽの細かな動き。表のような感情が隠されています。

| 友好、満足 | うれしい | バカにしている | 怒り |
|---|---|---|---|
|  |  |  |  |
| あいさつの姿勢。真上にピンと立てます。 | しっぽをぶるぶると左右に震わせます。 | 友好のしっぽとも似ていますが、ピンと立ったまま左右に揺らします。 | 威嚇中のしっぽ。毛が逆立ち、ふくらんでいるように見えます。 |

| 自信がない | 様子見 | 友好 | 防御 |
|---|---|---|---|
|  |  |  |  |
| ピンと立っているものの、先端が曲がっています。 | 自信がなく、様子を見ているときは水平よりやや上がっています。 | 地面に対して水平でリラックスしています。 | しっぽに少し力が入り、警戒しています。 |

| 攻撃 | 服従 | 警戒または興味 | イライラ |
|---|---|---|---|
|  |  |  |  |
| しっぽをだらんと垂らし、攻撃に備えています。 | 恐怖を感じ、自分を小さく見せています。しっぽが攻撃されるのを防ぐ目的も。 | 先端をぴくぴくと動かします。名前を呼ばれても動きたくない、でも気になる、そんなときにもこの動きをします。 | 激しく左右に振ります。床に叩きつけることも。 |

猫のしぐさ

# 毛づくろいは気分も落ち着かせる

猫は自分の毛を舐めると気分が落ち着きます。緊張や不安を解消するために毛づくろいすることも。

## 抜け毛が増える時期がある

人が季節によって衣替えするように、猫も被毛《ひもう》が抜け落ちて生え変わる換毛期《かんもうき》があります。

季節の変わり目には、短毛種《たんもうしゅ》、長毛種《ちょうもうしゅ》を問わず、換毛期《かんもうき》のスイッチが入ります。ただし、主に室内で暮らす飼い猫は温度差が少ないので、明確な換毛期《かんもうき》がなく、年間を通して毛が抜けやすい傾向があります。

猫は自分で毛づくろい（グルーミング）をするので比較的きれいですが、ブラッシングも必要です（P88）。抜け毛を取り除くだけでなく、血行がよくなり皮膚の健康を保つことができます。

## 1 基本のお手入れはブラッシングだけでよい

猫は毛づくろいをするので、基本のお手入れはブラッシングのみでよいでしょう。長毛種《ちょうもうしゅ》はコーム・スリッカーブラシ、短毛種《たんもうしゅ》はラバーブラシを用意します（P88）。

忘れないでね

**ブラッシングで取れるのは、古い毛**

ラバーブラシで初めてブラッシングをしたとき、あまりにも毛が抜けるので、抜けすぎではないか不安になることも。ブラッシングで抜ける毛はいずれ抜ける古い毛なので、週に1回くらいなら心配ありません。

**ブラッシングは大切なコミュニケーション**

ブラッシングは皮膚の血行促進やマッサージ効果もあり、猫との大切なコミュニケーションでもあります。1日1回は時間を取ってあげましょう。

今日もお願い

## 2 長毛種《ちょうもうしゅ》は1日1回のブラッシング

長毛種《ちょうもうしゅ》は毛玉ができやすく、皮膚が蒸れやすい傾向が。世話をしなければ皮膚の健康は保てないので、日々のブラッシングを習慣にします。

## 3 過剰な毛づくろいは要注意

自分を落ち着かせるために毛づくろいをすることもあります。何かに失敗したときに行うのも同じ理由から。なお、ストレスで人が爪を噛むように、過剰に舐める場合もあるので頻度に注意しましょう。

なんだかなあ
ハア…

**毛づくろいの意味**

不安や恐怖、ストレスを発散させるために、毛づくろいをすることも。これは「転位行動」と呼ばれる現象。

猫のしぐさ

# 爪とぎをして気分スッキリ

爪とぎで古い爪の層をはがして鋭く保ちます。爪は普段は指の中にしまわれていますが、必要なときに出てきて活躍します。

## 爪とぎは猫に備わった習性

猫にとって、爪は生きるために欠かせない部位です。鋭く尖った爪があれば、獲物が捕らえやすくなるのです。爪とぎをする理由はそれだけではありません。爪跡と足裏のにおいでマーキングをする、イライラを解消するためにも行います。爪とぎは猫の習性なので、やめさせることはできません。

家具を守るためには、猫にとってより魅力的な爪とぎ板を提供すること。木や麻、段ボール、布など爪がよく引っかかる素材が好まれます。

## 1 縄張りアピールにもなる爪とぎ

マーキングの際は、爪とぎで爪跡と足裏のにおいをつけ、縄張りをアピールします。自分を大きく見せるために高い位置で爪とぎをします。

**野生の名残**

野生でも、ヒョウなどのネコ科の動物は木の幹の高いところに引っかき傷を残していきます。

**後ろ足は関節の構造上自分でとげない**

前足と違い、獲物を押さえ込む必要がないので多少爪が丸くてもよいのかも。木に登るときなどに自然にとがれているのかもしれません。

## 2 爪とぎをやめさせるのは難しい

爪とぎはマーキング。マーキングは猫の習性なので、やめさせることはできません。家具などを守りたい場合は、保護シートを貼り、魅力的な爪とぎ板を設置します。設置後は板状の部分に猫の前足を当て、爪をとぐように動かすと、においがついてそこで爪とぎをするようになります。

**家具や壁を保護する**

家具や壁に貼るアクリル板も販売されています。猫の爪が立たないため、その場所で爪とぎしなくなります。

## 3 関節の痛みが原因でやらなくなることも

関節に痛みがある場合、爪とぎをやらなくなることも。爪とぎの回数が減る、爪がとがれず丸い状態になっているときは、猫の歩き方や座り方など、関節痛の症状を確認しましょう。

**老猫はこまめに爪切りを**

年老いた猫は、爪をしまうことができなくなります。そのため、カーペットやカーテンなどに引っかかると大変危険。こまめに爪を切りましょう。

猫のしぐさ

# 後ろ足キックは狩りの練習

後ろ足キックの力はあなどれません。後ろ足は高いジャンプ力を支えていることもあり、強い力を持っています。

## 狩猟本能を満たす後ろ足キック

猫は狩猟本能が強く、動くものを追ったり捕らえたりする捕食行動がよく見られます。人の手やぬいぐるみを抱えて後ろ足で蹴るしぐさも、実はそのひとつです。

これらの行動は人から見れば遊びですが、猫にとっては真剣な狩りの練習。手加減なく本気で噛んだり蹴ったりすることもあります。人の手に後ろ足キックをしてきた場合は、ぬいぐるみなどに置き換え、人がケガをしない方法で本能を満たしてあげる工夫をしましょう。

1

## 後ろ足のほうがキック力が強い

猫の後ろ足は、ジャンプや木登りのときにバネのような強い力を発揮します。前足は頭部を含む上半身を支えるための負荷に耐えられるつくりです。

**後ろ足の力が弱い場合**

足の押し返す力が弱い場合、関節疾患や神経異常、骨折を疑います。

2

## 人を蹴るときも本気

後ろ足キックは狩りの練習です。相手にダメージを与えることが目的なので、蹴る対象が人であっても手加減しないことがあります。

**足を触られるのは苦手**

後ろ足で蹴ってくる猫ですが、足を触られるのは苦手（P111）。前足、後ろ足ともに嫌がる猫は少なくありません。

3

## 痛かったら付き合わない

蹴られて痛いときは、付き合わずに離れること。本能にもとづく行動なので叱ってはいけません。代わりにぬいぐるみを与えるとよいでしょう。本能のなすがままに蹴り続けることで、猫はすっきり満足します。

**後ろ足と前足**

猫は前足のほうに体重がかかっていますが、後ろ足のほうが力は強いです。

猫のしぐさ

# 噛み噛みするのは狩猟本能？

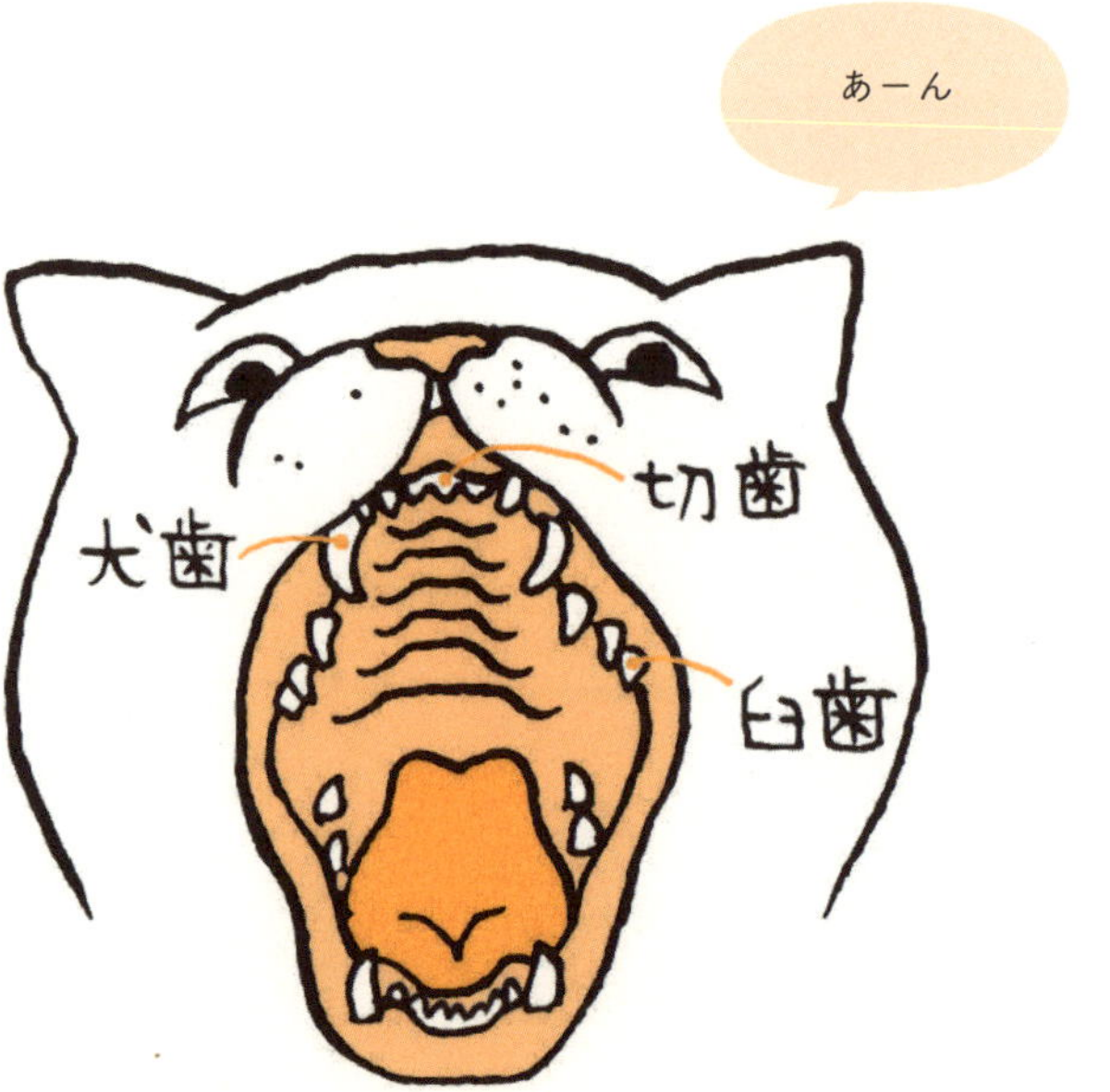


遊び中に興奮してくると、おもちゃと間違えて指に噛みつくことも。猫から離れ、噛んだら遊んでもらえない、と学習させます。

## 肉食に合わせて成長した猫の歯

猫の乳歯は4カ月齢くらいから2～3カ月かけて永久歯に生え変わります。抜けた乳歯は大半の猫が飲み込んでいると思います。

猫は発達した犬歯《けんし》で獲物を仕留め、前歯（切歯《せっし》）で肉を削ぎ取り、ハサミ状の奥歯（臼歯《きゅうし》）で肉を小さく切ります。臼のように食物をすりつぶす必要がないのは、主食である肉類は消化がよく、のどを通る大きさに噛み切るだけで十分だからなのです。※1 キャットフードは丸飲みできる大きさなので、歯が抜けても食べられます。※2

※1 肉食動物である猫は動物性たんぱく質が不可欠。ネズミや鳥、ヘビ、カエルなどを捕食します。
※2 歯垢が溜まり歯石ができると、細菌が歯ぐきから全身に侵入し、心臓や腎臓にダメージを与えるため、歯みがきは必ずします。

1

## 子猫の噛みつきは狩りのトレーニング

子猫はいろいろなものに噛みついて、狩りのトレーニングをします。経験不足なので噛む力が強いこともあります。生後1カ月半からきょうだいでの取っ組み合いが激しくなり、強く噛むと相手に怒られます。こうしたことから手加減を覚えていきます。

**歩いていたら足に噛みつかれた**

歩いているあなたの足に猫が飛びかかってきたことはありませんか。猫の目線で見れば、動いている足が獲物に見えて、つい飛びついてしまうのです。

2

## 人への噛みつきは無視する

人の手を噛む場合、無視（無反応）を徹底すれば、やがて興味をなくします。遊ぶときには猫じゃらしを使うなど、噛まれない工夫も必要です。

**子猫に学習させる**

子猫に噛まれても叱ってはいけません。また、噛まれたままにしておくと、その後も噛み続ける猫に。噛まれたら猫のそばを離れ、「噛んだら遊んでもらえない」と学習させます。

3

## やめさせるより原因を突き止める

噛みつきは狩りのトレーニングに加え、ストレスなどが原因による攻撃行動の場合も。対象への攻撃の理由を突き止めてから適切な対処を。

**原因を考える**

普段から猫を観察し、どのような原因が考えられるかを獣医師に相談しましょう。ストレスからの八つ当たりとして、攻撃行動を起こす猫もいます。また、痛い場所や爪、腕など嫌な場所を触られたりすると「防衛本能」で噛みつくことも。

単独行動をしてきた猫は「縄張り」を守って生活してきました。猫同士がお互いに「関わらない」ことが穏やかに生きるために必要だったのです。

猫のしぐさ

# マーキングで縄張りを主張

## スプレーやすりすり、爪とぎもみなマーキング

猫は特定の場所に自分の尿や体のにおいをつけて、縄張りを主張します。これがマーキングです。

代表的な行動は、去勢手術（P96）をしていないオスがスプレーのように尿をかけること。生理的な排尿とは異なり、存在を主張する目的があるので、においが強い尿を広範囲に吹きかけます。去勢手術をすることで減らせますが、完全には収まらないケースも。

そのほか、爪とぎ（P58）は爪跡と足裏のにおい、すりすり（P50）は額のにおいをこすりつける行動です。

1

## 高いところにマーキングをする理由

マーキングの際は、いずれの方法であっても高いところににおいをつけようとします。自分を大きく見せて、相手に脅威を与える目的があります。

**オスはにおいが強烈**

特にオスのスプレーと呼ばれる尿をかけるマーキングはにおいが強烈。嗅覚が鈍い人間でも通常の尿との違いがわかるぐらい、独特のにおいがします。

2

## オスはメスに比べて回数が多く、においも強い

メスは食べ物が確保できれば、縄張りにこだわりません。オスは多くのメスを独占するために、マーキングの回数が多く、においも強くなります。

**スプレーの効力**

スプレーの効力は24時間程度といわれています。室内飼いの猫でも毎日、縄張りを巡回し、マーキングをしなおします。

3

## オスのスプレーは去勢手術で防ぐ

スプレーが習慣になっていた場合は収まらないかも。オスは生後6カ月、体重が2.5kgを基準に手術を受けさせましょう。メスはもともとスプレーが少なく、避妊手術をしても変わりません。

**叱ってやめさせるのはNG**

マーキングを叱ってやめさせようとしても、猫の習性なので無理です。去勢手術で防ぎましょう。

猫の行動

# くつろぎ度は座り方でわかる

お腹を出して仰向けになるときは「かまって」「遊んで」と要求しているといわれています。座り方にも気持ちがあらわれるのです。

## 普段から座り方の観察を

くつろぎの度合いは座り方からも判断ができます。野生の猫はいつ敵に襲われるかわかりません。そのため、周囲を警戒して、いつでも逃げ出せるような体勢でいることが多いようです。しかし、家の中であれば敵は来ません。とっさの行動は不要といわんばかりに、仰向けになったり前足を隠して座ったりと、猫は基本的にリラックスしています。

個性的な座り方をする猫もいます。小さい頃から続けていた座り方が急に変わったのなら、関節などに異常があるかもしれないと疑ってみましょう。

## 1
## 足を前に出して座る

前足を伸ばした状態でいれば、すぐに立ち上がって逃げられます。完全にリラックスしているのではなく、やや落ち着いていない座り方です。

### かわいらしい「スコ座り」の理由

スコティッシュ・フォールドは「スコ座り」といわれる、後ろ足を前に出した座り方をします。これは足の軟骨が固まって足を曲げられないというスコティッシュ・フォールド特有の理由からです。

## 2
## 仰向け、香箱座り《こうばこずわ》

お腹を出して無防備な体勢になる仰向けや、前足を折りたたんだ香箱座りは、すぐに次の動作に移れない体勢。リラックスしているときの姿勢です。

### リラックスの証《あかし》

猫にとってお腹は急所。お腹を見せるのは相手を信頼し、リラックスしている証《あかし》です。

## 3
## 座り方が変わったら関節が痛むのかも

肘や膝、股関節など関節が痛くなってくると、足が曲げられなくなります。高齢になると関節も弱ります。座り方に変化があったら要注意。

### 高齢猫に多い関節の病気

高齢になると、変形性関節炎《へんけいせいかんせつえん》という関節の病気が出やすくなります。12歳以上の猫のうち70%の猫が持っているといわれ、適切な治療により、痛みをなくすことができます。

猫の行動

# 喜怒哀楽は歩き方にも

ご機嫌だったり、警戒していたり、歩き方にも気持ちがあらわれます。

## 上を向いて歩こう さてその気持ちは

歩き方も、猫がどんな気持ちでいるのかの目安になります。まるで飛び跳ねているかのように、リズミカルなステップで歩いているときは、ご機嫌な気分。顔もしっぽも天井に向けて、本当にうれしそうです。反対に、とぼとぼと歩き方に元気がなさそうなときは、体調が悪い可能性も。

歩き方の変化に気づくためには、普段からの観察が重要です。

ちなみに猫は、犬などと同じで地面に指だけをつけて歩く「指行性《しこうせい》」という歩き方をします。

## 1
## 屈《かが》みながら歩く

身を低くして歩いていたら、警戒しているサイン。獲物を見つけたときも、すぐに獲物に飛びかかれるよう、上半身を屈《かが》めてゆっくりと歩きます。

じりじり

**お尻を左右に振っているときは？**

獲物を狙っているときの猫は、身を低くしながら、お尻を左右に振ることも。この揺れ動くお尻は、獲物に飛びかかりたいけれど、タイミングを間違えると狩りに失敗する、という葛藤のあらわれ。

歩きにくいのだ

## 2
## 体が痛いときは歩き方も変わる

通常は、歩幅は同じで、四肢に均等に力がかかっています。片足を上げていたり、引きずっていたりしたら、痛みがあるのかもしれないと疑って。

**獣医師に相談を**

足をかばっていたり、触られるのを嫌がっているようであれば、痛みや違和感を抱いている可能性があります。

## 3
## かかとをつく頭が上げられないときは病気の疑い

警戒しているわけでもないのに、頭を下げたままだったり、かかとをついて歩いていたりしたら、何かしら病気の可能性があります。動物病院で診断を。

**糖尿病の可能性も**

後ろ足のかかとをついて歩いている場合、糖尿病の恐れがあります。ちなみに、猫の後ろ足のかかとは、骨が出っぱった部分。

ひざ
ひじ
指
爪先
かかと
覚えておいて

猫の行動

# 高いところに登ると安心・安全

身を守り、食料を確保しやすい場所を好みます。高いところは落下の危険もあるので注意しましょう。

## 猫との暮らしに欠かせない高いところ

高いところは敵が少なく、獲物を発見しやすい位置。猫にとって安心でき、よいことずくめです。

安心・安全な高いところを好む猫は多く、ときには場所の取り合いになることもあります。強いほうが勝つので、高い位置にいる猫が偉いように見えますが、場所の高さと社会的地位は関係しないと考えられています。

ときには高く登りすぎて降りられなくなることがあります。猫の能力に応じてキャットタワーの高さを調節しましょう。

## 1
## 発達した猫の三半規管

三半規管が発達しているので、足を滑らせても上下を判断でき、受け身の体勢を取れます。樹上で生活していた祖先から受け継いだ能力です。約2m〜2.5mと体長の5倍程度ジャンプすることもできます。

**着地に欠かせない肉球**

プヨプヨとして触ると気持ちいい猫の肉球。その弾力がクッションとなり、着地時の衝撃を和らげます。

## 2
## 受け身を取れないと骨折も……

一見すると、安全そうに見えるソファなどの低い位置から落下。着地までの時間が少ないので、受け身の体勢を取れずに骨折してしまうこともあります。

**骨折の兆候**

不安そうに鳴いたり、うまく動けないといった場合は、骨折している可能性が。

## 3
## ベランダからの落下に注意

室内飼育の場合も、ベランダからの落下には注意が必要です。特に5〜6階からの落下は地面まで加速し続けるため、死亡率が高くなります。7階以上は、落下の速度が落ちるため、死亡率は5〜6階と比べて低くなりますが、危険であることに変わりはありません。

**ベランダにはネットを張る**

ベランダには出さないことがベスト。それでもベランダに出す場合は、強度の高いネットをフェンスの隙間に張ります。台なども撤去しておきましょう。

猫の行動

# 狭いところに入ると落ち着く

隠れたり、落ち着いたりできるように、狭いところをつくりましょう。隠れて出てこない場合は病気かも。

## 猫は狭いところが大好き

引き出しの中や家具の隙間など、猫は狭いところを好みます。これは、敵に発見されたり襲われたりしにくい場所で休む習性を山野で暮らしていた祖先から、受け継いでいるからです。特に、高くて狭い場所が好まれる傾向にあります。

安全な室内飼育であっても、ソファの下、ベッドの下、たんすの上など来客や物音に驚いたときに隠れたり、ひとりで落ち着いたりできる場所が必要です。本能的な欲求を満たすお気に入りの隠れ家があれば、猫の満足度も上がります。

## 1
## 猫が隠れられる場所をつくる

猫は自分で狭いところを見つけますが、できれば用意してあげたいもの。人の手が届かない高くて狭い場所に、好みの素材のベッドなどを置いてあげましょう。

**好みの隠れ家**

トンネル型のおもちゃなど、穴ぐら風に使えるグッズも市販されています。一部のみ開けておいた段ボール箱を廊下の隅に置いておく、などでも十分です。

**野生の習性**

狭いところに隠れるのは、周りを囲われて、外敵に襲われず安心して休息できる場所に隠れていた野生の名残。

## 2
## 隠れ好きな猫は好奇心が強い

隠れるのは、休むときや怖いときだけとは限りません。好奇心旺盛なタイプは、部屋のあらゆる場所に入り、すみずみまで探検したがります。

## 3
## ずっと隠れている猫は要注意

体調不良のときは、狭いところに隠れて出てこなくなります。食事を取らず、呼んでも出てこない場合は、すぐに動物病院を受診しましょう。

**気分の波か体調不良か**

猫が狭いところから出てこないのは、気分の波なのか、体調不良なのか、猫の性格とも照らし合わせて観察します。

猫の行動

# 嘔《おう》吐《と》は習性？病気？

病気のサインを見逃さぬよう、日頃から吐く回数などもチェックしておくことです。

## 猫が吐いたものも確認して

人間と違い、猫は健康時でも吐くことがあります。長毛種《ちょうもうしゅ》は自分でグルーミングした際に、毛も飲み込んでしまうため、毛玉を吐き出します。また、早食いの猫は、食事の後に吐くことが多いようです。これは胃液と混ざってフードがふくらむためです。その場合は、ゆっくり食べさせるようにしましょう。

猫は吐くのが当たり前という思い込みは厳禁。吐く回数が増えたとき、その異変を見過ごしてしまいます。頻繁に吐くようなら、早めの対処が大切です。

## 1

## 嘔吐《おうと》したら確認すること

様子を見ていいのは、①嘔吐《おうと》が週に1回以下、②体重が減っていない、③食欲がある、④下痢をしていないの4つの条件をすべて満たす場合のみ。それ以外は動物病院で診てもらいましょう。

### 何を吐いているか

毛玉のみを吐く場合、頻繁でなく、左記の4条件を満たすようなら、様子を見てもよいでしょう。吐き出したものが毛玉か判断できなければ、それを持参して獣医師に見てもらいましょう。

### 自宅で栽培

猫草は主に、えん麦《ばく》などのイネ科の植物。ハムスターやウサギの餌として売っているえん麦を買って、自宅で栽培してもよいでしょう。

## 2

## 吐くのが苦手な猫には猫草も

猫草の特徴はチクチクした葉。消化器官を刺激して毛玉を吐くために食べるものなので、基本的には必要ありません。ただし、毛玉を吐き出したいのにうまくできないようであれば、与えます。毛玉はお腹にたまり続けると危険ですが、普通は吐いたり、排泄物に混ざったりして体外に出されます。

## 3

## 短毛種《たんもうしゅ》が毛玉を吐いたら、病気の疑い

長毛種《ちょうもうしゅ》に比べ、短毛種《たんもうしゅ》はそれほど毛が抜けたりしないもの。短《たん》毛種《もうしゅ》なのに頻繁に毛玉を吐く場合は、何かしらの原因で毛が多く抜けている可能性が。

### 吐こうとしているのに吐けない

大きなものがのどに引っかかっている、食道に異物がある、吐ききったのにまだ吐き気が強い、そんな場合に吐けない症状が出るかもしれません。疑われる病気は吐く病気すべてです。すぐに動物病院へ。

猫の行動

# 急激に太るのは病気かも

全体的に太っている場合はいうまでもなく肥満です。獣医師とともに目標体重を決め、食事制限と運動でダイエットしましょう。

## 妊娠の可能性なく お腹だけ太ったら要注意

お腹だけふくれるように太ったら病気の可能性が。ふくらみ方を確認すれば原因がわかるときもあります。

腹筋の外側が部分的にふくらんでいる場合はしこりです。良性と悪性（がん）があるので、検査が必要です。足や背中がやせているのに、腹筋の内側が全体的にふくらんでいる場合は、がんによる内臓の腫《は》れや腹水が原因かも。いずれにしても病院を受診しましょう。避妊手術をしていないメスは妊娠の可能性もあります。

1

## 猫の肥満度チェック

やせすぎ → 理想体型 → 太りすぎ

肋骨や腰のくびれがわかる状態。横から見ると、お腹はへこんでいます。食事の量を少しずつ増やしていきます。

肋骨を触ることはできますが、薄く脂肪に覆われています。腰は適度にくびれ、横から見たとき、お腹はへこんでいます。

肋骨は、たくさんの脂肪に覆われ、触ることができません。お腹や腰、足にも脂肪が。横から見るとへこみはなく、お腹が張り出しています。

2

## 食べているのにやせていったら病気のサイン

毎日ごはんを食べているのにやせていったら、甲状腺の病気かもしれません。「太る」と「やせる」はどちらも病気のサイン。上の肥満度チェックに当てはまらない部分的な太り方ややせ方は、特に注意が必要です。

### 8歳以降の猫に要注意

1カ月で体重が5%減ったら要注意。食べるのにやせる症状は、甲状腺《こうじょうせん》機《き》能亢進症《のうこうしんしょう》（P153）などの病気のサイン。8歳以降に多く見られます。また、1カ月で体重が5%増えたら、太ってきたと判断します。子猫はもちろん成長しているので問題ありませんが、多くの成猫の場合、食べすぎと運動不足が原因です。

猫の行動

# 暑くないのに冷所に行くのは不調

猫は我慢強い動物。弱さを人に見せません。冷たいところに行く何気ないように見える行動も病のサインかも。

## 自己判断せず、獣医師に相談を

猫が冷たい場所に行くときは重度の病気かもしれません。

猫は暑さに強い動物です。健康であれば、涼むために移動することはあまりありません。冷たい場所で休む理由は2つあります。ひとつは不調で体温が下がったこと。猫の平均体温は約38℃ですが、36℃に下がればそれまでの室温を暑く感じます。もうひとつは、不調で隠れたところが、たまたま冷たい場所だったということ。どちらにしても命に関わる重症の病気が疑われます。すぐに動物病院へ。

## 1
## その日の気温で判断する

30℃を超える暑い日にも関わらず、部屋をエアコンで冷やしていない場合には、冷たい場所に行くこともあります。ただし、気温が高い日に、エアコンをつけていても移動する場合は要注意です。

### 冬場の場合も

暖房が暑すぎるときにも、冷たいところに行くことはあります。体温が冷えてきたら暖かいところに戻ってきますので、時間が経っても戻ってこないときは要注意。

### 家の中の冷たいところ

玄関や廊下、お風呂場、暖房から遠いフローリングの床、押入れなどが家の中の冷たい場所。

## 2
## 冷たい場所に行く理由

体調の悪い猫が、冷たい場所に行く理由は2つ。ひとつは、体調の異変から平熱が下がったこと。もうひとつは、体調が悪くて隠れたところがたまたま冷たい場所だったとき。いずれにしても病院に連れて行きます。

## 3
## 必ず病院に連れていく

持病のある猫や老猫が、冷たい場所に移動した場合、命に関わる恐れがあります。毛布などで体を包み、暖めながら動物病院に連れて行きます。

### 正確な状況を伝える

家の中のどんな場所に何分ぐらいいるのか、正確な情報を獣医師に伝えます。

COLUMN

# 2

# 動物病院に連れて行くか迷ったら

動物病院では、「3日間吐いていて、食事も食べないのですが、様子を見ていいですか」のように「～だけど様子を見ていいですか」といった電話をよく受けます。もし、自分や家族が同じような状態だったら、どうしますか。きっとすぐに病院へ行くのではないでしょうか。猫だから様子を見てもいい、ということはないのです。自分や家族に置き換えて考えてみましょう。

また、気になる様子がある場合は、デジタルカメラやスマートフォンなどで写真や動画を記録しておけば、診察に役立ちます。例えば、せきをしていると思っていても、もしかしたらくしゃみや吐き気という場合もあります。飼い主からの説明だけではわからないことも、動画を見ることで症状が判別しやすくなります。目の色の変化などは、普段一緒にいると気づかないこともあります。健康なときに写真を撮っておきたいものです。

インターネットで猫の病気について調べる人も多いようです。しかし、病気によっては命に関わり、一刻も早い受診を要するものもあります。インターネットの情報だけを頼りにするのではなく、疑問に思うことは獣医師に聞いてみることも大切です。

# 第3章

# 毎日のお手入れで猫をもっと健康に

暮らしの基本

# 猫にも生活リズムがある

主な活動時間は明け方と夕方。猫にも1日の生活リズムがあるのです。明暗のサイクルが猫に影響を与えることも忘れずに。

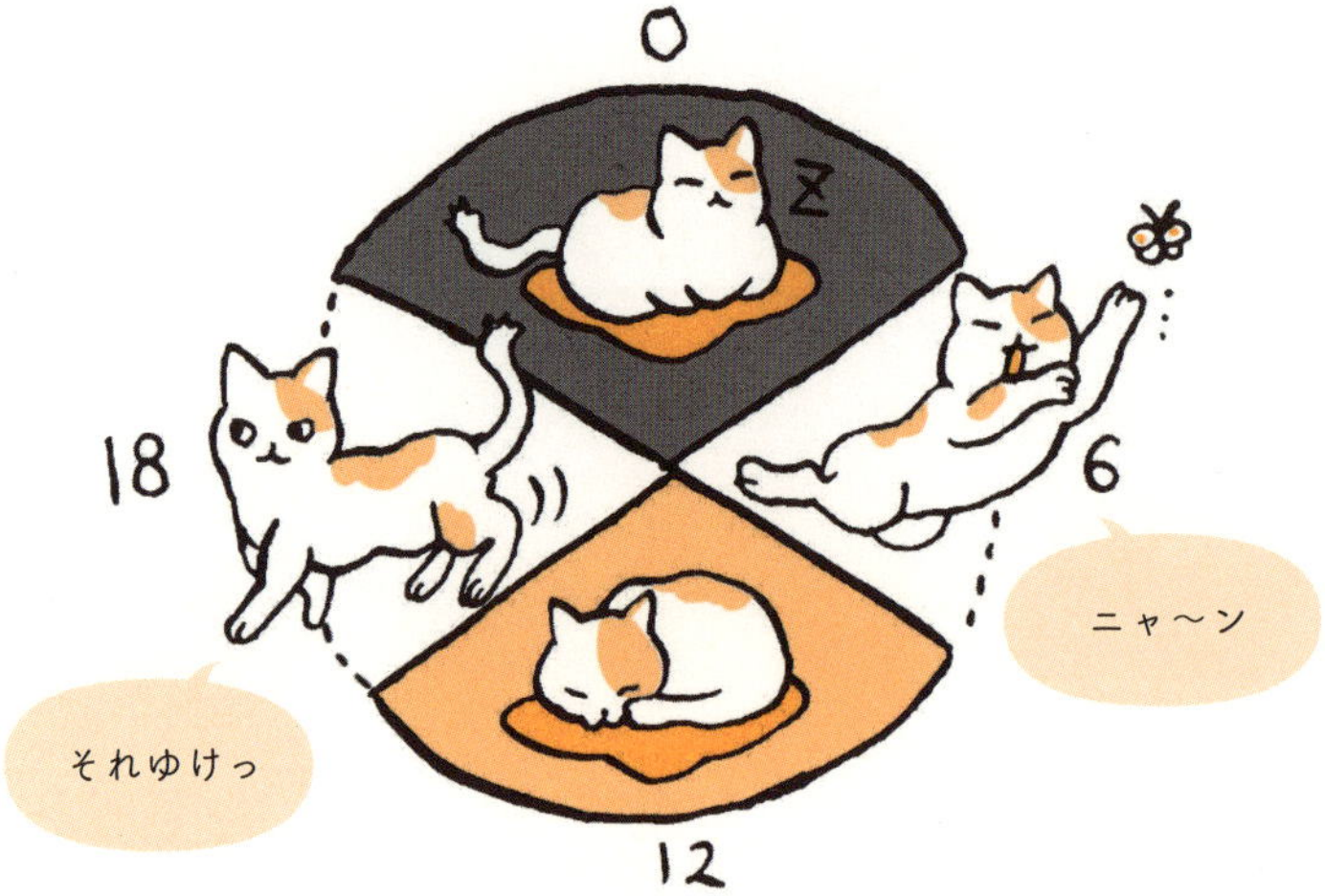


## 規則正しい暮らしが健康をつくる

猫は明け方と夕方に活発になります。人と暮らしていても、その習性は変わりません。※ 室内飼いをする場合でも、昼と夜の明るさのサイクルを猫が感じられるように、明かりを消す時間はできれば毎日同じ時間帯にしましょう。日中は明るく、夜間は月明かり程度の暗さが理想です。

生活リズムの乱れは病気のリスクを高めます。特にひとり暮らしの場合は、長時間の空腹や睡眠のリズムに気をつけます。人と猫、互いの健康のために規則正しい生活を心がけましょう。

※一方、人は「昼行性」の動物です。

1

## 排泄サイクルを知る

1日の排泄の目安は便1～2回、尿は2～3回で多くて5回。尿量の安定が重要なので、週1度は尿を吸収した猫砂の固まりを測ってチェックします。

### 排尿の異常

尿道閉塞で尿が出なくなると猫の生命に関わります。出なくなって24時間以内であれば、助かることが多いので、早めの受診を心がけて。

2

## “季節繁殖動物”な猫

猫は日照時間を感知して、日が長くなる春分の頃に発情が起きる季節繁殖動物。室内飼いの場合、1日14時間以上暗くすれば発情は起きません。

### 発情はいつから始まる？

早い猫で生後5～6カ月、遅い猫で1歳までには発情がきます。室内飼いの猫の発情回数は個体差がありますが、年5～6回ほど。

3

## その病気、生活リズムの乱れが原因かも

生活リズムの乱れはさまざまな病気の原因に。原因の特定は難しいのですが、不調が見られたら生活リズムを見直すのもひとつの方法です。

### こんな不調が

飼い主が不規則な生活を続けていると、猫もストレスを感じて食欲が落ちたり、下痢や嘔《おう》吐《と》を起こしたりすることも。

猫にとって家の外は「縄張り」の外ということ。気ままな外出に見える行動は危険がいっぱい。

暮らしの基本

# 室内飼育で猫の安全を守る

## 家猫はローリスク

現在は行政が完全室内飼育の「家猫」を推奨しています。屋外と室内を行き来する「半外猫」は、交通事故や伝染病感染など危険に遭遇したり、排泄物などで近隣に迷惑をかけたりする可能性があるからです。

家猫は半外猫に比べ、健康で寿命が長い傾向にあります（P144）。猫の安全と周囲に配慮し、外に出すのは短時間であってもやめましょう。玄関や窓には猫が飛び越せない高さの柵やフェンスを、バルコニーにもネットを設置しておくと、脱走や落下による事故が防げます。

1

## 外に出たときのリスクを考える

野良猫とのケンカで伝染病に感染したり、田畑が多い地域であれば、有毒な農薬や除草剤を猫が口にしてしまうリスクを伴います。また、心ない人に虐待される危険もあります。

私は
死にましぇん

### 外に潜む危険

外は交通事故に遭遇するリスクもあります。猫は初めて遭遇する動く車や自転車にうまく対処できず、止まってしまうことがあります。

2

## 外の世界を知らせない

外の世界を知ると出たがるようになります。その欲求をなくすことは困難なので、外の世界を知らせないことが一番です。

我が家が一番

### 外に出られない猫はかわいそう？

大喜びで外へ探検に出かける猫もいますが、多くの猫にとって、家の外は「縄張り」の外になります。わりと短い時間で帰ってくる猫が多いのは、縄張りで安心したいからかも。

3

## ハーネスも絶対安心ではない

猫を散歩させるために、首輪やハーネスが市販されています。しかし猫は体がやわらかいので抜けてしまう可能性が。散歩も控えたほうが無難です。

行きたいところに
行きたいの

### 猫は散歩に向かない

猫は大きな音を聞いたり、動きが速いものを見たりすると、パニックを起こしがち。また、猫は上下運動が好きなので、高いところに興味が移れば、手の届かないところまで登ってしまったり、降りられなくなることも。

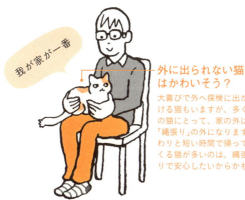

暮らしの基本

# 猫だけでの留守番は1泊まで

猫を残して家を空けるときは、暖房と冷房のつけ間違えに気をつけ、トイレの個数や水・フードを多くします。

## 2泊以上はペットシッターかホテルに

猫を留守番させて出かける場合は、1泊にとどめたほうが無難です。

本来、単独生活をする動物なので、留守番自体は苦になりませんが、体調を崩したときが心配です。猫に多い泌尿器系の病気を発症した場合、排尿ができなければ2日で亡くなります。朝出発して、翌日の夕方には帰宅できるスケジュールを立てること。友人などに様子を見に来てもらうと安心です。

出かけるときには、ごはんと水を十分に用意し、危険なものは片付けておくなど生活環境も整えましょう。

## 1
## なるべく誰かに面倒を見てもらう

2泊以上はもちろん、1泊の外出でも友人やペットシッターなどに世話を頼めれば安心。移動が猫のストレスでなければ、動物病院やペットホテルに預けてもよいでしょう。

は、はじめまして

**信頼できる人か？**

自宅に来てもらうということは、鍵を預けることになります。ペットシッターであれば、顔なじみの信頼できる人に。愛猫と何度か会ったことのある友人に頼めればベストです。

## 2
## フードは「多め」「不足」の事態を避けて

遠方へ出かける場合、飛行機や新幹線のトラブルで帰宅が遅れることもあります。ごはんは家を空ける日数分以上の量を置いておきましょう。

いただきま〜す

**室内は片付けて**

留守中にいたずらされそうなのは、電気のコードやティッシュ箱、キャットフードの袋など。事故のもとにもなるので片付けます。

## 3
## 水も多めに用意

水はごはんよりも大切です。倒れないよう、安定した器に入れて複数用意すること。暑い時期は水やごはんが腐らないように、室温にも注意しましょう。

のどが渇いては
留守番もできぬ

**水のチェックポイント**

暑い時期は、水が足りなくなると脱水症状の危険が。水の容器をひっくり返し体が濡れると、冬だと風邪を引きやすくなります。安定した容器を使いましょう。

抜け毛を取り除くブラッシング。春と秋の換毛期には、長毛種《ちょうもうしゅ》・短毛種《たんもうしゅ》に関わらず、毎日行いましょう。

お手入れ

# ブラッシングでスキンシップ

## ブラッシングで健康に

毛玉をつくらない、抜け毛で部屋を汚さないためにもブラッシングが必要です。猫は自分でも毛づくろいしますが、ペルシャなど鼻が短い猫《ねこ》種《しゅ》だと、背中など自分では届かない場所もあります。毛玉ができると皮膚炎の原因になったり、飲み込むことで腸閉塞を起こしたりする場合もあるのです。

ブラッシングは皮膚に適度な刺激を与えるので、血行がよくなりマッサージ効果も期待できます。ブラッシングの際、体を触ることで病気の早期発見もできます。

## 1

## 長毛種《ちょうもうしゅ》は毎日
## 短毛種《たんもうしゅ》は週に1回

長毛種《ちょうもうしゅ》はどうしても汚れがつきやすく、毛もからみやすいもの。抜け毛も多いので、ブラッシングは毎日行います。短毛種《たんもうしゅ》は週に1回以上行います。

きれいな私を見て

### 冬は静電気に注意

冬場はどうしてもブラッシング中に静電気が起きやすくなります。ブラッシングの前にブラシを濡らして、静電気を防ぎます。

### ダブルコートの猫はこまめなブラッシングを

猫の被毛にはダブルコートとシングルコートがあります。ダブルコートは、「オーバーコート」と密度の高く厚い「アンダーコート」で構成された被毛のこと。

長毛
コーム
タイプ
スリッカー
ブラシ

短毛
ラバーブラシ

## 2

## ブラシを使い分ける

長毛種《ちょうもうしゅ》と短毛種《たんもうしゅ》では使うブラシが異なります。スリッカーは、親指と人差し指で挟みながら毛をとかします。先端が尖っているので、やさしく。いずれのブラシでも毛並みに沿って首からお尻、お腹、顔周りの順にブラッシングします。

### 顔周りのブラッシング

顔周りは繊細なので、コームを使います。あごの下は顔から首に向かって、頬や額は中心から外にブラッシングします。

## 3

## 嫌がる猫には少しずつ

お腹やしっぽ、足先に触れられるのが嫌いな猫は多いもの。1回ですべて行おうとせず、嫌がったらやめるなど、猫の様子を見ながら少しずつブラッシングします。ブラッシングをしないでおくと、抜け毛を大量に飲み込み、毛球症《もうきゅうしょう》という胃腸の病気になることも。

あんまりやると
嫌いだよ

### 子猫のうちから慣れさせる

ブラッシングは子猫のうちから習慣にすると、猫が慣れ、成長しても嫌がりません。仰向けになってお腹をブラッシングされるのを嫌がる猫は、うつ伏せのまま、お腹の皮膚を引っ張ってブラッシングします。

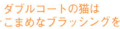

お手入れ

# 大変でも毎日の歯みがき

**歯垢《しこう》がたまり、歯周病になると歯が抜けるだけでなく、心臓や腎臓などの健康にも影響します。**

## 健康のためにも歯みがきは必須

**猫**は虫歯になりにくいのですが、歯垢《しこう》がたまると歯周病などを引き起こします。歯垢《しこう》は3日で歯石に変わります。歯石の細菌が歯ぐきから全身に侵入すると、心臓や腎臓にダメージを与えることも。歯石ができると歯みがきでは取ることが難しくなるため、歯垢《しこう》の段階で取り除いてあげましょう。そのためにも、1日1回、少なくとも3日に1回は歯みがきをします。ウエットフードを与えている場合は、歯《し》垢《こう》がたまりやすいので、できれば毎日行うのが理想的です。

## 1
## 歯ブラシかガーゼを使う

猫用か人間の赤ちゃん用のヘッドが小さい歯ブラシを使います。猫用の歯みがき粉にはシーフード味など猫が好む味がついているので、できるだけ利用しましょう。

### 歯ブラシが苦手な猫は

歯ブラシではなく、ガーゼを使います。この場合もできるだけ猫用の歯みがき粉を使いましょう。歯みがき粉が苦手な猫は濡らしたガーゼを指に巻きつけて、歯の表面をこすります。

## 2
## 猫の後ろからみがく

正面からみがこうとすると猫が警戒することもあります。みがくときは、猫の後ろから。また、猫を膝や台の上に乗せるようにするとみがきやすくなります。

### 歯みがきの方法

無理に口を開ける必要はありません。口の端から歯ブラシを滑り込ませ、歯と歯ぐきの間で、ブラシを小刻みに動かします。

## 3
## 奥歯は念入りに

みがくのは犬歯と奥歯。奥歯の歯みがきは大切で、最も汚れやすいのは上の奥歯です。口を開けるのを嫌がらないなら、上の奥歯をよくみがきましょう。歯石ができると、動物病院で人間の場合と同様に、超音波で削らないといけません。ひどいと全身麻酔が必要ですし、歯石ができている状態自体が負担です。無麻酔で歯石を取るトリミングサロンなどもありますが、獣医師が施術するわけではなく、また施術自体も結構痛いのでおすすめできません。

### 歯みがきを嫌がる猫には

今日は右の奥歯、明日は左の奥歯といった具合に、少しずつみがいて短い時間で済むようにします。

お手入れ

# 深爪厳禁！爪を切る

爪とぎをしていても、爪は伸びてきます。思わぬケガなどの予防のためにも定期的に爪切りを。

## 爪切りも習慣化しよう

爪は定期的に切ってあげる必要があります。猫が爪とぎをするのは、爪を尖らせるため。短くするわけではないので、そのままにしておくと爪は伸びてしまいます。伸びた爪で引っかかれると痛いですし、カーテンや絨毯《じゅうたん》に引っかけて猫がケガをする可能性もあります。

爪切りの目安としては、尖ってきたなと思ったら。最低でも月に1回は行いましょう。足先は敏感な部分です。嫌がるなら1日1本ずつ切る、切ったらごほうびをあげるなど工夫しましょう。

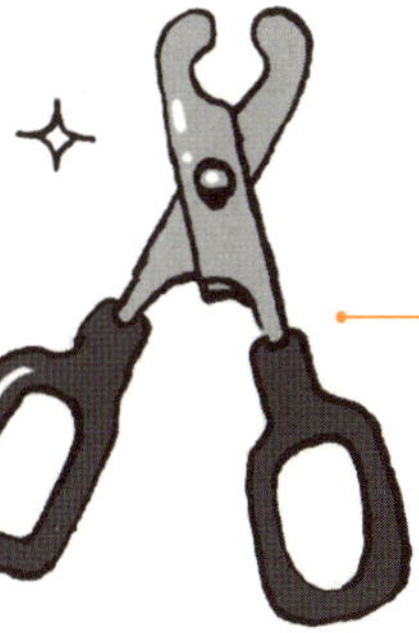

## 1
## おすすめはハサミ式タイプ

爪切りは、猫用として売っているものを使いましょう。ギロチン式とハサミ式の2種類がありますが、使いやすくておすすめはハサミ式です。

### 無理やり押さえない

爪切りのときには、猫を無理やり押さえないように注意します。押さえられると、猫にとって爪切りは「嫌な記憶」になり、切らせてもらえなくなります。

## 2
## 台に乗せると切りやすい

猫が床にいる状態で爪切りをしようとすると、人が体を屈《かが》めなくてはならず、やりにくいもの。猫を台に乗せると切る側の体勢も楽になります。台の上からの落下にも注意しましょう。

やさしくね

### 手伝ってくれる人がいるときは

ひとりが猫の足を持ち、もうひとりが爪を切ります。押さえる力が強すぎると暴れることも。

## 3
## 老猫は切らないと爪が肉球に刺さるかも

年齢とともに爪は太くなり、伸びると先端が丸まってきます。爪を切らずに伸ばしたままだと丸まって肉球に刺さり、歩けなくなる場合もあるので注意。

ここをカット
血管や
神経
痛くしないでね

### 深爪に注意

血管が通っているピンク色の個所は切らないように。その先の白い個所を切ります。出血してしまった際は、ガーゼで止血を。

お手入れ

# 月に1回、シャンプーする

シャンプー前は、体調が悪くないか、熱はないか、猫・人ともに爪は伸びていないか、脱走防止に窓やドアを閉めているかを確認します。

## 猫は水が苦手

猫は元来、水に濡れることを嫌います。イエネコの祖先といわれるリビアヤマネコは砂漠地帯に生息し、濡れる習慣がなかったためと考えられています。

猫はグルーミング（P56）を行うことで、自分の体を清潔に保ちます。室内飼いであれば、汚れることは少なく、シャンプーも基本的に不要です。ただし、長毛種《ちょうもうしゅ》は例外。自分でグルーミングしても、皮膚まで舌が届かないこともあり、汚れやすく毛ももつれやすいのです。皮膚や被毛の健康のために月に1回は洗ってあげましょう。

## 1

## 短毛種《たんもうしゅ》は不要。長毛種《ちょうもうしゅ》は月に1回

猫が自分でグルーミングをする以外に、日頃からブラッシングをしていれば、短毛種《たんもうしゅ》は基本的にシャンプーしなくてもOK。汚れが気になったら洗います。汗を分泌する汗腺が少ないこともシャンプーが不要な理由です。長毛種《ちょうもうしゅ》は月1回のシャンプーを。毛並みも美しくなります。

### シャンプーの順序

① ブラッシングする
② 体を濡らす。お湯は38℃前後
③ 猫用シャンプーで洗う。しっぽやお尻も忘れずに
④ 顔やあごはシャワーを当てず、シャンプーを含んだスポンジで洗う
⑤ しっかりとシャンプーを流す
⑥ タオルで水分を取る
⑦ ブラッシングしながらドライヤーで乾かす。一部分に風を当てすぎないように。

①の前に脱毛や皮膚の異常があれば、シャンプーは控えましょう。

### 短毛種《たんもうしゅ》にも蒸しタオル

短毛種《たんもうしゅ》も直接舐めることができないのが顔。ただ、舐めた手で顔を洗っているので、ある程度は清潔に保っています。

## 2

## 嫌がる猫は蒸しタオルで拭く

無理に洗おうとすると、猫もストレスに。軽い汚れ程度であれば、蒸しタオルで全身を拭いてあげるというのもひとつの方法です。

### シャンプー前のブラッシング

ブラッシングで余分な毛を取り除いた際、脱毛や皮膚の異常があれば、シャンプーは控えましょう。動物病院を受診して治療の必要性やシャンプーの可否を相談しましょう。皮膚病治療用のシャンプーもあります。

## 3

## トリマーさんに任せても

濡れタオルで拭くのも嫌がる、汚れがひどいなどの場合は、自宅で行うのではなく、トリミングショップでお願いしてみましょう。

### 子猫のシャンプー

猫の水嫌いは毛が乾きにくいことも原因といわれます。シャンプーは猫の負担になるので、体力がついた生後7カ月くらいから始めます。

去勢手術後の猫は異性を引きつける必要がなくなるので、マーキングが減り、穏やかになることが多いです。

お手入れ

# 去勢手術を受けよう

## 問題行動も減らせる

オスは他の猫に対して縄張り争いなどで攻撃的になりますが、人には甘えん坊です。その理由はわかっていません。生後6カ月頃に去勢手術を受ければ、猫への攻撃行動やマーキングが大幅に減らせます。人への接し方にはほぼ影響しません。

　去勢手術により生殖に関する病気を防げるのも利点です。一方、ホルモンバランスが変わり代謝が落ちるため、太りやすくなります。体の変化に合わせて食事量を見直しましょう。去勢手術後のタイミングで成猫用フードに切り替えるのがおすすめです。

## 1
## 生後半年での手術がおすすめ

去勢手術を行う時期は、最初の発情期（性成熟）を迎える前の生後半年頃がおすすめです。性行動やマーキングを始める前なので、尿のスプレーなどを防げます。

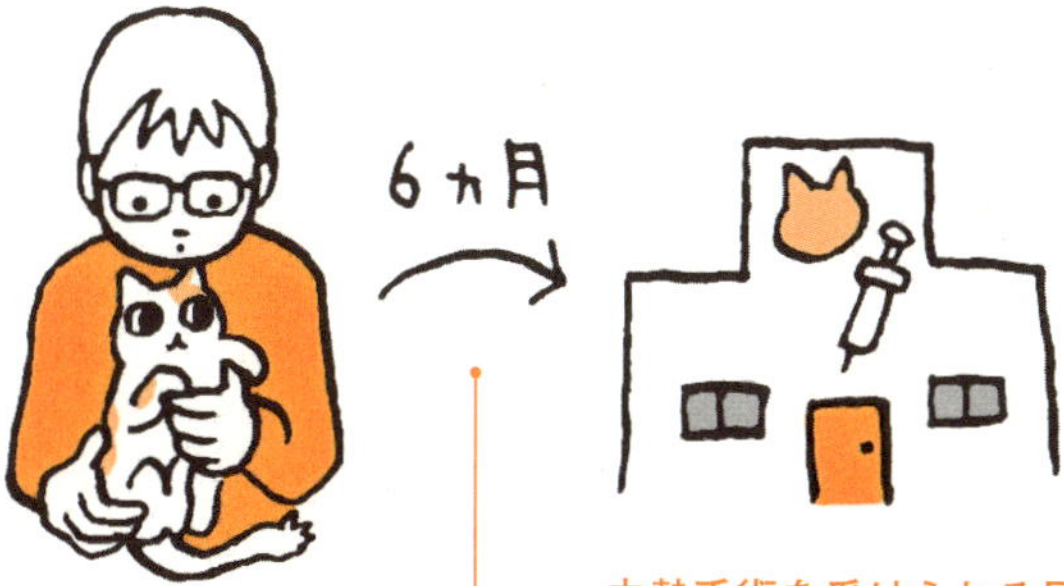


### 去勢手術を受けられる目安

去勢・避妊手術が受けられる目安は、生後6カ月以上、体重2.5kg以上の猫。小さすぎる猫は体力がなく、手術による体の負担が大きくなります。

### オスの発情

オスの発情行動は正しくは「発情」とはいいません。メスの発情につられて、そのような行動を取ります。そのサインは、スプレー行動、太く甲高い声で鳴く、生殖器をこすりつけたがるなど。

## 2
## 3歳前後の手術で横長顔のまま

オスに特徴的な「横長の顔」。この顔が好き、という人もいます。去勢手術をしていないオスは、3歳頃になると頬が張って横長顔になり、体格もしっかりします。この頃に手術をすればオスらしい横長顔が残ります。

## 3
## 去勢手術を知ろう

全身麻酔による外科手術なので、麻酔の後遺症や容態の急変などのリスクがあります。事前に動物病院でよく説明を受けてから決めましょう。

### 手術の流れ

手術の1～2週間前に手術を受けられるか、病気がないかの検査を受けます。前日は、手術中の嘔吐《おうと》でのどを詰まらせるのを防ぐため、食事を取らせないようにします。オスは15分前後で手術が終わり、日帰りできます。メスは30分前後で終わり、1～2日入院することも。1週間後に抜糸を行います。

お手入れ

# 避妊手術を受けよう

メスは交尾をするとほぼ100%妊娠します。繁殖させる必要がなければ、必ず避妊手術を受けさせましょう。

## 病気のリスクが大幅に減り、長寿命に

メスは縄張りへのこだわりが少ないため、オスに比べて他の猫への攻撃行動やマーキングは少なめです。一般に、他者への警戒心がオスより強く、飼い主にも甘えないタイプの猫もいます。こういった性格が避妊手術で変化することはほぼありません。

術後は、発情行動をしなくなるだけでなく、卵巣や子宮の病気にかからなくなり、乳がんの可能性も低くなります。生殖に関する代謝が減る分、太りやすくなるので食事量を見直す必要があります。

1

## 手術は早め、半年以内に

避妊手術は最初の発情が起こる前に受けさせることで、乳がんのリスクが減るという研究者も。生後半年以内を目安に早めに受けさせましょう。

### 避妊手術を知ろう

避妊手術では卵巣と子宮の摘出をします。手術前の流れは去勢手術と変わりません。費用は、去勢手術の1～3万円に比べ、避妊手術は2～5万円と高めです。

2

## 顔つきの変化は少ない

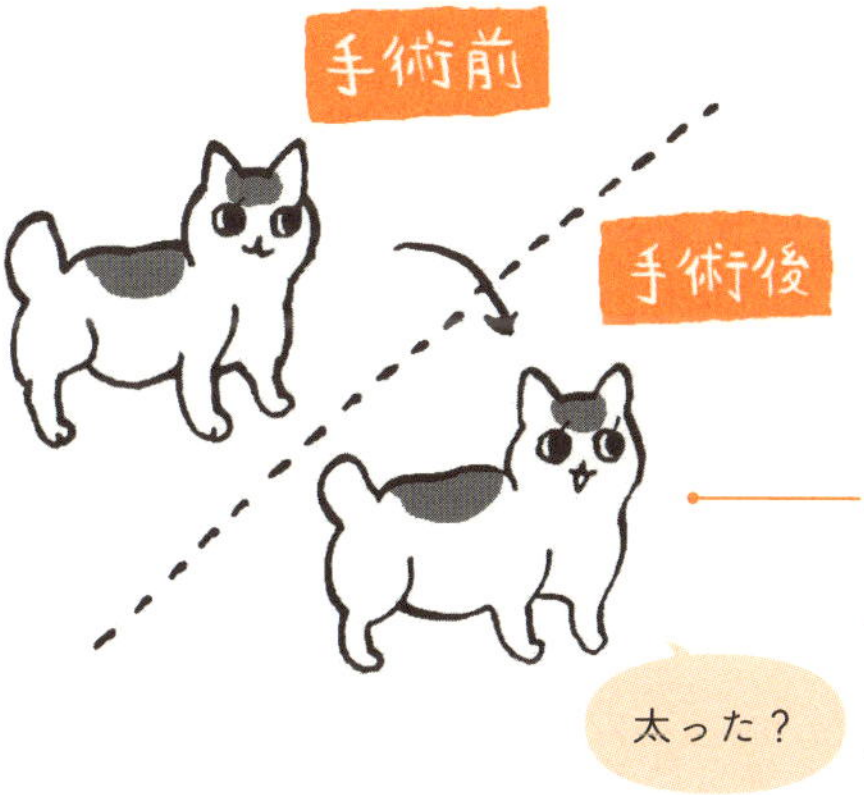


メスは避妊手術を受ける年齢の差で顔つきの変化がほぼ見られません。しかし術後は、発情など生殖に関わる消耗がないので、心身の負担は減っています。また、オス同様太りやすくなります。

### 手術をしたらかわいそう？

「交尾ができなくてかわいそう」と思う方もいるかもしれません。しかし、猫は手術をしないと発情期のたびに異性を求めるようになります。オスがいなければどうしようもなく、そのほうがかわいそうでしょう。

3

## 発情時の手術は高リスク

発情中は子宮が腫れている状態。平常時より大きい子宮を摘出するのは高リスク。避妊手術は発情が終わってから受けさせましょう。

### 妊娠は計画的に

周期的にやってくる発情期。避妊手術を受けさせないと決めたのであれば、よいお見合い相手を探し、計画的に妊娠時期を決めましょう。1～6歳くらいまでが妊娠には適しています。また、妊娠・出産は命をかけての一大イベントなので、母体への負担を考えると高齢出産はおすすめできません。

お手入れ

# 猫のアンチエイジングは可能？

猫のアンチエイジングとは、食事や猫へのケアで体の衰えをゆるやかにすることです。

## 7歳から始めよう

愛

猫にはいつまでも若々しく健康でいてほしいものです。身体の衰えを止めることはできませんが、ゆるやかにすることは可能です。

まずは猫の年齢に合った良質なごはんに変えましょう。加えて、体力の衰えを考慮した適切な運動やより深いコミュニケーションを心がけること。上下運動が必要だった若い頃とは違い、床でおもちゃを使った遊びに切り替えます。生活環境を見直してストレスを減らす工夫も大切です。アンチエイジングのために行うことは、人も猫も同じです。

1

## コミュニケーションも寿命に影響する

猫とコミュニケーションを図ることもアンチエイジングのひとつ。猫のしぐさで不調に気づくことができ、病気の早期発見に役立ちます。

### 猫の気持ちを読み取る

猫の感情表現は控えめに見えます。一方で猫はしぐさや鳴き声、行動などを合わせて、飼い主に気持ちを伝えています。愛情とやさしさで、猫の気持ちを読み取りましょう。

2

## 猫が気持ちよければマッサージも有効

マッサージで血流をよくして、酸素や栄養を体のすみずみまで行き渡らせましょう。猫が気持ちよいと感じれば、リラックス効果もあります。

### 力の入れすぎに注意

力の入れすぎは猫を傷めかねません。嫌がるようなら力をゆるめ、猫が気持ちよさそうにするところを適度な強さで刺激します。

3

## 運動をしない猫は筋力が落ちやすい

2〜3歳頃から活動量が減るので、筋力が落ちて太りやすくなります。お気に入りのおもちゃなどを使って遊ばせましょう。

### 上下よりも左右の動き

特に筋力が衰える老猫は、転倒事故が増えます。上下の運動は避け、床の上でできる遊びを取り入れます。

COLUMN

# 3

## 災害から猫を守れるように

近年は地震や水害など、大規模な災害が続いて起きています。いざというときに愛猫を守れるよう、日頃から備えておきましょう。

災害が起きたとき、猫はパニックになって隠れてしまうことも。東日本大震災でそれを経験した飼い主の中には、平時に地震警報のアラームを鳴らし、そのたびに猫におやつをあげ、呼び戻しの訓練を続けた方もいます。避難生活を想定して、ケージに入る練習や他者を怖がらないようにしておくことも大切です。

備蓄品も用意しましょう。環境省が発表した「ペット動物の災害対策」によれば、優先順位の1位は、療法食、薬、フード、水5日分以上、予備の首輪、食器、ガムテープ。2位は飼い主の連絡先、動物の写真、ワクチンの接種状況、健康状態、かかりつけの動物病院の連絡先。3位はペットシーツ、排泄物の処理用具、トイレ用品（使い慣れた猫砂）、タオル、ブラシ、おもちゃ、洗濯ネット、など。持ち出しやすい場所にまとめましょう。そのほか、日頃の健康管理、迷子札やマイクロチップの装着、家族での話し合いも重要です。

第4章

# 猫にウケるスキンシップ

# 好きな人は、嫌いなことをしない人

猫はのんびり昼寝できる空間が好き。大きな物音を立てたり、大げさな身振りをしたりする人がいると猫は落ち着けません。

## 猫が好む距離感を知ることが大切

猫を飼っている人なら、誰もが猫に好かれたいもの。とはいえ、知らず知らずのうちに猫に嫌われることをやっているかもしれません。

抱きしめて頬ずり、用もないのに名前を呼ぶ、突然大きな声を出す、しつこく触る――、こうしたことを猫は嫌います。自由に身動きが取れなかったり、びっくりしたりすると、落ち着きがなくなるためです。

反対に動きがゆったりとして、猫を驚かすことをしない、やさしくゆっくりと話しかける人を猫は好みます。

## 1 猫は女性が好き？

猫の性別と人の性別、その相性の組み合わせではっきりとしたことはわかっていません。ただ、人によって男性は猫が嫌う大きな声や動作をやってしまいがちなので、気をつけましょう。

### 猫の気分が落ち着く所作

穏やかな口調と澄んだ高い声で話し、物腰がゆったりとしている女性が好まれやすいようです。ただ、男性でも猫の自由を守る人であれば、好まれるはずです。

## 2 猫と目線を合わせる

猫に話しかけるとき、触るときはしゃがんで猫と目線を合わせましょう。上から猫を見下ろすのは、猫から見ると怖いもの。猫の目線は人より何倍も低い位置にあるので当然ですね。

### こんなことも嫌い

食事中や毛づくろい中に触られるのも、気分が落ち着かず猫が嫌います。

## 3 猫のキャラクターに合わせる

人にかまってもらうことが好きな「かまってちゃん」、孤独が好きな「放っておいてちゃん」がいます。一緒に暮らす猫がどちらのタイプか、なでているときの反応や普段の行動を観察して、猫に合わせた接し方をしましょう。

### なでたところをすぐ舐める

なでられるとすぐに離れて舐める——。これは放っておいてちゃんに見られる行動です。ペロペロ舐めることで、においを早く消してしまいたいという気持ちのあらわれ。

# もっと猫の性格を知りたい

猫の性格をつかむのは難しいもの。しっぽを振る、耳が平らになるなど気持ちを知らせるサインを手がかりにしましょう。

## 人間以上に個性豊かな猫の性格

ネコ科の動物は、自力で狩りをできる能力を持っているので、群れをつくらず単独で生活します。祖先から単独行動の習性を受け継いだ猫は、他者と協調することが極めて少ない傾向にあります。

とはいえ、猫も他者を思いやる協調の行動をすることもあります。例えば、仕留めた獲物を飼い主に持ってくるといった行動は、おそらく狩りのできない鈍臭い飼い主を思い、狩りの練習をさせようとする母猫の気持ちと同じなのかもしれません。

## 1

## 活発な猫種《ねこしゅ》 おとなしい猫種《ねこしゅ》

アビシニアンやロシアンブルーのような細身の短《たん》毛種《もうしゅ》は活発。ペルシャやメインクーンのような長《ちょう》毛種《もうしゅ》はおとなしい傾向があります。

### 大人になっても遊び好き

活発でやんちゃな傾向にあるアビシニアンは、運動神経が高く、大人になっても遊び好きです。

元気出せよ
元気だってば

## 2

## 子猫の時期はなるべく親・きょうだいと過ごしたい

生後3〜7週は生涯で最も学習できる時期。親・きょうだいと過ごしてあらゆることを学びます。飼い主のもとには8週以降に来ることが理想。

まだここにいさせて

### 生まれたばかりの子猫はNG

子猫に社会性を身につけさせるため、生後8週以降になるまで迎え入れるのを待つようにしましょう。

## 3

## 親の影響を受ける？

猫は父から攻撃性が遺伝し、母から妊娠中の環境による精神的ストレスの影響が及ぶという説も。

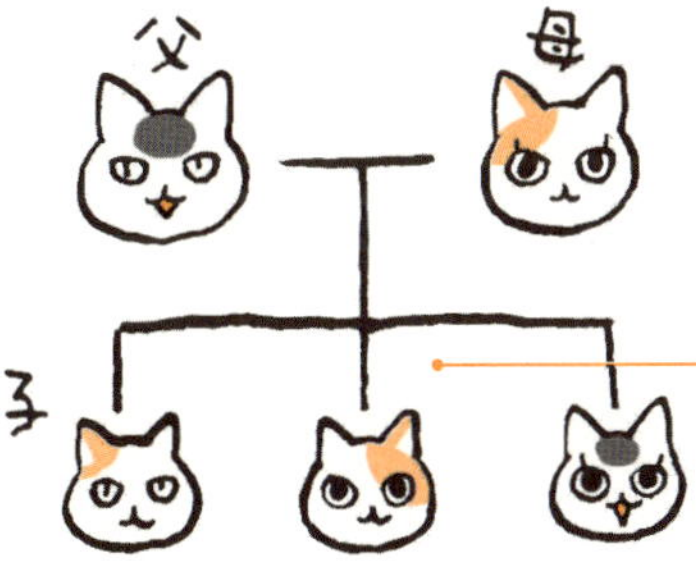
父
母
子

### 赤ちゃん猫が生まれたら？

母猫はもちろん飼い主も赤ちゃんにかかりっきりになりがち。多頭飼いの家では、赤ちゃんに嫉妬し、お世話を邪魔したり、攻撃したりしてしまう猫も。赤ちゃんが生まれても変わらず遊んであげましょう。

# 猫にウケる遊び方

1回5〜15分でいいので、猫と遊びましょう。1〜2歳の若い猫は毎日、その後10歳ぐらいまでは、まめに遊びます。

## 一緒に遊んで筋力維持

遊びは大切なものです。一緒に遊ぶことで運動不足を解消し、コミュニケーションが育まれます。

遊び方は猫の年齢によって変えましょう。子猫期や青年期など、若いうちはとにかくたくさん遊んであげます。遊びを通して、精神的、身体的にも鍛えられ、健やかに成長できるからです。年齢を重ねるにつれ、若い頃に比べると遊びに興味を示さなくなります。とはいえ、筋力を衰えさせないためにも、無理のない範囲で遊びを続けたいもの。おもちゃや遊び方をひと工夫してみましょう。

## 1 上下運動を取り入れる

猫が喜ぶのは、狩猟本能をくすぐるような遊び。おもちゃを捕まえさせるのに、上下運動を取り入れるとよいでしょう。おもちゃは猫の獲物に見立てるのがコツ。物陰に隠す、あえて動きを止めるなど、猫がその気になる工夫を。

跳びます跳びますっ

**おもちゃは獲物**

ヒモのついた人形や猫じゃらしは、ネズミや虫、鳥をまねた動きができるのがおすすめ。また、ボールも勢いよく転がせば、飛びつきます。いずれにしても一定の規則的な動きではなく、不意に止めたりして、獲物の動きを再現するのがポイント。

## 2 新しいおもちゃで刺激を与える

同じおもちゃばかりだと飽きてしまって、興味を示さなくなることもあります。新しいおもちゃを用意して、刺激を与えてあげるようにします。

こっちか！
こっちか！

**光で遊ぶ**

鏡で光を反射させるほか、懐中電灯やレーザーポインターを使って遊びます。壁や床に光を反射させると猫の反応もよくなります。ただし、夢中になりやすいので、周囲のものを片付けておきましょう。また、レーザーポインターは猫の目に入ると危険です。猫に直接当たらないように使いましょう。

## 3 おもちゃの誤飲に気をつける

やわらかくて噛み切れるものや小さいものは、誤飲しないよう注意しましょう。どんなおもちゃでも出しっぱなしにしないことです。

**こんな遊び方はNG**

猫はマイペースな動物。猫が飽きているのに、しつこく遊ぶのはやめましょう。飼い主が別のことをしながら猫と遊ぶ「ながら遊び」も厳禁です。猫の様子がわからず、思わぬ事故につながる可能性も。

# 体をなでてともに癒やされる

「猫をなでていたら急に噛まれた」そんなとき、猫はイライラのサインを発しています。すぐにやめましょう。

## 猫とのコミュニケーションを楽しもう

体をなでてあげることは、スキンシップの役割を持っています。また、体のどこかが腫れていないか、脱毛がないかなど、病気の早期発見にもつながります。猫だけでなく、飼い主も癒やされる幸せな時間です。猫がなでられると喜ぶ場所、嫌がる場所を知っておきましょう。

　また、しつこくなで続けないことも大切です。猫の気分はすぐ変わるもの。なでられることを好まない猫も中にはいます。猫の様子を見ながら、やさしくなでてあげましょう。

## 1
## 「舐める」と「なでる」は同じ

猫にとって相手を舐め合うことは親愛の証《あかし》。なでるときは猫の舌の動きをまねると喜びます。手のひらよりも指の腹を使って、やさしくなでてあげます。

くすぐったいのだ

### ヒーリング効果

スキンシップは猫と人、お互いの心が穏やかになります。毎日触れ合うことで、信頼関係も築けます。

## 2
## しつこくしない

なでている最中、しっぽを左右に振り始める、耳を後ろに倒すようにしていたら、「これ以上はもういいよ」のサイン。嫌がる前にやめることが大切。

やばっ
いつまでやるつもり？

### ありがちなNG

毛づくろい中に触る、食事中に触るといったことも避けたいところ。猫にとっては触られたくないタイミングです。

## 3
## 好きな場所、嫌いな場所

一般的に猫が喜ぶ場所は、顔や首周り、背中です。嫌がる場所は、急所でもあるお腹のほかに、足先、しっぽです。ほとんどの猫が嫌がるので、なでないようにしましょう。猫の好きな場所を見つけ、そこを重点的になでてあげるようにします。

ちゃんとわかってる？
Like♡
NG!

### 猫に嫌われない

大きな声を出さず、ゆっくりとした動きをしましょう。猫はそんな人が好きです。なお、性格にもよりますが、甘えん坊で子どもっぽい猫がなでられ好きな傾向も。

# 抱っこ好きにするには？

ぬいぐるみ代わりに抱っこをするのはやめましょう。嫌がる猫には無理をしないこと。ますます抱っこ嫌いになってしまいます。

## 生涯抱かれることが苦手な猫もいる

抱っこが好きな猫は、どちらかというと少数派。基本的には苦手です。抱っこで体を束縛されると、何かあってもすぐに行動に移すことができないからです。また、嫌がるのには、抱き方に問題がある場合も考えられます。猫が寄ってきたら、猫の体が安定するように下半身を支えて抱いてあげます。抱っこで猫と密着したりなでたりすると、血圧や心拍数が安定するといわれています。歯みがきや爪切りなどのお手入れのときにも頻繁に取る姿勢ですので、慣れさせましょう。

## 1
## 抱く前に一声かける

猫が寄ってきても、急に抱き上げると驚いて暴れる場合も。うっかり落としてしまう可能性もあります。名前を呼ぶなど、一声かけてから抱きます。毎回抱っこするときに、声をかけると猫も「抱っこされる」と認識することも。抱っこが好きな猫は声をかけると喜んでくれるかもしれません。

### 苦手な猫は少しずつ慣らす

抱っこが苦手な猫は、まず膝の上に乗せることから始めましょう。おもちゃなどで、膝の上に乗せることができたら、少しだけ持ち上げて慣らしていきます。抱っこを嫌がりやすい猫は、立ったまま抱っこしていると暴れたときに転落してしまいます。座って抱くようにしましょう。

## 2
## 包み込むように抱く

猫の両脇の下を両手で持ち上げたら、すぐに片方の手で腰から下を支え、猫の体を包み込むように抱くと安定します。ギュッと抱きしめないこと。

### コツは体に密着させること

猫の体を抱いたときには、猫と自分の体の間に隙間をつくらないこと。密着すれば猫もリラックスします。

## 3
## 首や上半身だけを持つ抱き方はNG

首をつかんで抱き上げるのは、落としてしまうこともあり危険。猫の両脇に手を入れて上半身だけを持つ抱き方も、不安定な体勢となり、猫の体に負担を与えます。

### 「もうやめて」に気づいて

うまく抱っこできてもそのうち飽きるのが猫。しっぽを左右に振るなどのサインが見られたら、そっと下ろしてあげましょう。

猫は人の声を母音で区別しています。呼びかける言葉や名前は短くして、大きな声は控えます。

# やさしく猫を呼ぶ

## 猫にとって人の声は区別がつきづらい

人は言葉でコミュニケーションを取りますが、猫に言葉は通じません。それでは人の声は猫にどう聞こえているのでしょうか。

猫は子音を区別しにくいといわれています。母音を聞き取り、呼びかけの声の種類を判断しているのではと考えられています。そのため、「パパ」と「ママ」や「キキ」と「ジジ」のように、同じ母音の言葉だと、区別がつきにくいようです。多頭飼いで、名前をつける際には、これらもふまえるといいでしょう。

## 1 短い名前のほうが覚えやすい

複雑で長い名前は人にとっても猫にとっても覚えにくいもの。覚えやすく、聞き取りやすい短い名前をつけてあげましょう。

### 短い名前が人気

猫の名前はどんなものが多いのでしょうか。2015年の調査では、1位ソラ、2位レオ、3位モモでした。短い名前が人気のようです。（アニコム損害保険/2015年2月調べ）

## 2 大きな声は控える

呼びかける際には、過度に大きな声だと猫は驚いてしまいます。「猫なで声」といいますが、低い声よりも高い声で、やさしく呼びかけましょう。

### 猫が嫌いなことを知る

猫は突然動くものや、大きな音が嫌いです。用もないのに、何度も猫の名前を呼ぶのも猫にとっては迷惑かも。

## 3 たくさん話しかけて心の交流を

言葉の意味はわからなくても、飼い主からの呼びかけはうれしいものです。コミュニケーションを育むためにもたくさん話しかけてあげましょう。

### 人見知りの猫もいる

なかなか人に慣れない猫もいます。生後3〜7週の間に猫は社会性を身につけます。その時期に人に慣れ親しまないと、人見知りになる傾向があります。ある程度人と触れ合っても慣れなければ、個性と思って諦めましょう。

# 肉球を揉む。猫にとっては……

肉球の間の毛が伸びていても、短毛種《たんもうしゅ》ならそのままにしても問題ありません。長毛種《ちょうもうしゅ》はフローリングで滑ることもあるので、カットしてあげると安心です。

## 肉球は全身で唯一汗をかける部分

足の裏にある肉球は、やわらかくて弾力があります。その感触が好きな飼い主も多いようです。肉球に毛がないのは、滑り止めの役割を果たしているからです。またクッション性があるのは、高いところから飛び降りた際の衝撃を和らげるだけでなく、足音を立てずに静かに獲物に忍び寄るためでもあります。

猫にとって足先は敏感な部分です。マッサージをかねて肉球を揉むときは、猫の様子を見て、嫌がるようなら無理に揉まないことです。

大人はリスクを理解できますが、子どもは猫に興味があれば近づきすぎることも。病気が移る可能性もあるので、気をつけましょう。

# 顔を近づけるのはほどほどに

## 過度なスキンシップは病気のもとにも

猫から人に感染する可能性がある病気が人《じん》獣《じゅう》共《きょう》通《つう》感《かん》染《せん》症《しょう》（ズーノーシス）です。代表的なものとしてあげられるのが寄生虫の回虫です。猫は毛づくろいの際、肛門付近を舐めたりします。回虫に感染している猫の場合、口の周りに回虫の卵がついていることも。猫の顔に頬ずりしたり、キスをしたりすれば、人間に回虫が感染する可能性もあるのです。回虫がいるかどうかは検便でわかります。見つかったら、動物病院で駆除薬を処方してもらいましょう。

# 多頭飼いのコツ

先住猫にとって、新しい猫はストレスの原因にもなります。居住スペースや金銭面、タイミングも考慮して決めましょう。

## 性別・血縁関係などが相性の判断基準に

多頭飼いをする際は、組み合わせに注意しましょう。最もうまくいくのは、生まれたときから一緒にいる母子かきょうだい。父子は子どもがオスだと、うまくいかないケースが多く、メスであれば問題ないこともあります。血縁関係のある猫に次いでよい組み合わせは、オスとメス、その次がメス同士です。

どのような組み合わせでも縁があって迎えた猫。多頭飼いをする前に心配なことがあれば、動物病院で相談しましょう。

## 1
## オス×オス、子猫×老猫は避ける

オス同士は縄張り争いが起こる可能性が高く、避けたほうが無難。子猫と老猫はやんちゃな子猫に老猫がストレスを感じることもあります。

**先住猫優先で考える**

多頭飼いは、先住猫の性格や年齢を考慮して決めましょう。できれば1〜2週間のお試し期間を設けて相性の良し悪しを判断します。

## 2
## 猫と犬は順序が大切

犬が先にいる場合、子猫はスムーズに迎えられます。成猫の場合は避難場所をつくって慎重に慣らします。猫が先にいる場合、犬を迎えるのは難しいかも。

**犬に感じるストレス**

犬は猫と一緒にいても気にならないようですが、猫は犬を本能的に怖がります。その分ストレスもかかるのです。

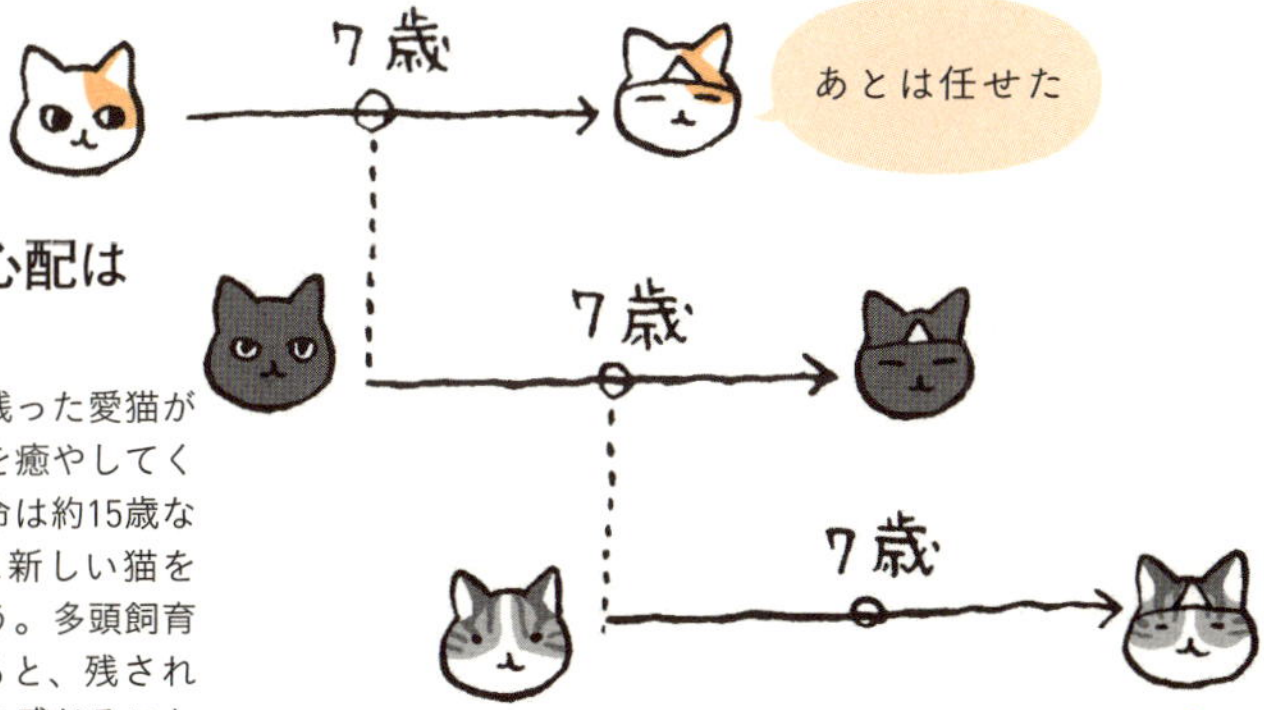


## 3
## ペットロスの心配は「7歳ずつ」で

多頭飼育であれば、残った愛猫がペットロスの悲しみを癒やしてくれます。猫の平均寿命は約15歳なので、半分の7歳頃に新しい猫を迎えるとよいでしょう。多頭飼育のうち1匹が亡くなると、残された猫は不安や寂しさを感じることも。できるだけ一緒にいてあげるケアを。新たな猫をお迎えすることも有効ですが、性別や年齢に気をつけましょう。

**最後のお別れ**

愛猫が旅立った後、供養の方法は3種類あります。①ペット霊園、②自治体、③自宅で埋葬。それぞれ、インターネットなどで調べてみましょう。

COLUMN

# 4

# 猫にやさしいおやつ、実は危ないおやつ

猫の食事は基本的にキャットフードのみで十分です。しかし、愛猫にキャットフード以外のものもあげたいと思う飼い主も少なくありません。おすすめしているのは、鶏ささみ肉です。塩や調味料は使わず、さっとゆで、食べやすい大きさにさいてあげます。牛肉や豚肉も、味付けしないで火を通したものであれば与えても問題ありませんが、牛肉や豚肉に比べると、鶏肉は低脂肪高タンパク質なので太りにくいという利点があります。

また、おやつに煮干しをあげている人も多いようですが、与える量に気をつけましょう。10匹くらいならいいだろうと思うかもしれません。でも、猫の体重が3kgであれば、60kgの人間の20分の1しかないことになります。10匹の煮干しを猫に与えるということは、人間に置き換えると、20倍にあたる200匹の煮干しを食べることになるのです。そんな量は食べ切れませんよね。猫に与えるときには、自分がその20倍の量を食べるのだと頭に入れておけば、与える量にも自然と気をつけるようになるのではないでしょうか。

## 第5章

# 快適な住まいの解剖図鑑

# 快適な部屋の環境を整える

猫の習性を理解した上で、少しでも過ごしやすい環境づくりを心がけてあげましょう。

## 猫にとってのいい部屋はライフステージで異なる

猫にとって安全で快適な環境をつくるのは、飼い主の責任です。室内飼いの猫にとって「家」は「世界」そのもの。ストレスを感じたり、ケガをしたりしないよう工夫を施します。図中のポイントに注意して、猫と人間が共存できる部屋をつくりましょう。

猫の年齢によっても、注意点は変わります。若いうちは高い場所にいることが多いですが、筋力が低下し、足腰が衰えてくる13〜14歳以降は床周りの生活にシフトします。P136を参考にしてバリアフリー環境を整えましょう。

# 猫の快適部屋づくり

どの年齢の猫でもコードを噛んだり、人の食べ物に興味を持ったりします。ただし、子猫は特に好奇心旺盛なので、小さなものは必ず片付けるなど、より注意が必要です。老猫は高いところや段差をなくすバリアフリー（P136）にしましょう。

## エアコン

外との温度差がありすぎないよう、夏は28℃くらい、冬は22～24℃くらいに設定。リモコンは冷房と暖房のボタンが近くにある場合が多いため、押し間違えのないよう注意を。留守にするときは、出かける30分前からスイッチを入れておけば、万が一の間違いにも気づけます。

## 猫ベッド

1日の大半を過ごすため、猫にとっての快適性を重視します。猫の体に対して大きすぎると保温性が下がり、快適とはいえないため、サイズには気をつけます（P130）。

## キャットタワー

猫は高いところに登るのが好き。登ってくつろげる場所をつくってあげます。キャットタワーは窓の近くに置くと、外の景色が見え気分転換になります。上下運動もできます（P128）。

## 網戸

勝手に開けて脱走することも。網戸用のフェンスを設置することで、脱走もいたずらも防止できます。

## 床材

滑り止め防止に、じゅうたんやマットを敷くのもおすすめ。ただし、ウレタンマットだとかじって飲み込んだ挙げ句、腸に詰まらせてしまう事故も多発しています。素材選びは慎重に。

## コタツ

猫は電源が入ったままのコタツの中にいると、熱中症やヤケドを起こす可能性があります。猫がコタツに入っていて、目を離さなければいけないときなどは、必ず電源をオフに。

## トイレ

普段過ごしている場所の近くで、消灯しても真っ暗にならないところに置きます（P132）。

## 階段

若い猫であれば、問題ありませんが、13～14歳以降の老猫は、筋力が低下するため、転落などの思わぬ事故を招きかねません。フェンスを置いて、登らせないようにしましょう。

## 危険なものはしまう

観葉植物や人の食べ物、裁縫用の針・糸、ボタン類、人の薬、毛糸やヒモ・リボンなど、猫が誤飲、誤食の可能性のあるものはしまっておきます（P124）。

## 部屋の扉

エアコンの風が直接当たるのを嫌がる猫も多くいます。エアコンのない部屋へと猫が自由に行き来できるよう、部屋の扉は開けておいてあげましょう。脱走防止のため玄関の戸締まりはしっかりと。

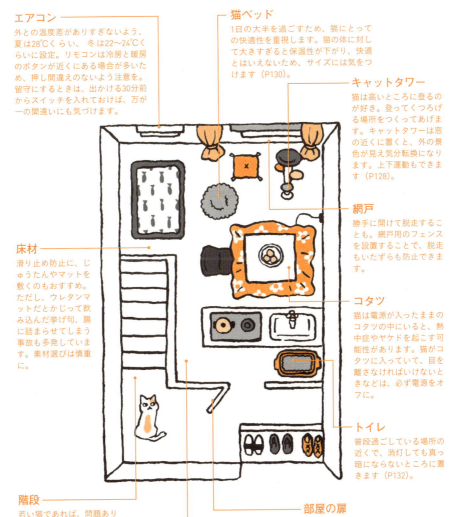

# 部屋に置いてはいけないもの

食べると中毒症状を起こし、皮膚や臓器にダメージを与える植物も。毒性があるかわからないものも多いので、なるべく置かないようにします。

## 猫が口にしない環境をつくる

室内には猫にとって危険なものがあふれています。代表的なものが観葉植物や切り花などです。猫が口にすると中毒症状を起こす植物は、現在確認されているものだけでも、200～300種類ほど。ユリ科の植物は最も毒性が強く、アイビーやポトス、ポインセチア、スイセン、ヒヤシンスなども要注意。毒性があるかわからないものも多く、猫のいる部屋には観葉植物を置かないことが得策です。それ以外にも、危険と思われるものは隠したり、保護材をまいたりしておきましょう。

## 1
## コードには感電防止のカバーをつける

電気コードをかじるのが好きな猫も多い。うっかりかじらせてしまうと、感電事故を起こします。家具の後ろに隠しましょう。どうしても隠せないコードはカバーをつけて。

なんかついてる

**叱っても効果なし**

コードをかじっているのを叱っても、叱られた嫌な記憶が残るだけで、解決にはなりません。

## 2
## 食べ物、人の薬は机に出さない

人の食べ物には猫が口にすると危険なものも（P154）。また、人の薬を出しっぱなしにしておかないこと。薬によっては少量でも命を落とす場合も。

よこしなさいよ

**特に危険な薬とサプリ**

「アセトアミノフェン」という成分が入っている頭痛薬や風邪薬は、重度の貧血や呼吸困難を引き起こします。「αリポ酸」が配合されたダイエットサプリメントは1粒で猫の命を奪います。

## 3
## 部屋を片付けよう

猫と暮らしていると、ものを壊されたり、落とされたりと「されて困る」ことが多々起こります。「されて困る」ものは部屋に出しておかない。災難を未然に防ぐことが大切です。

しまっちゃうの？

**猫の手が届かないところにしまう**

革靴などの革製品は猫の爪とぎで傷つくことも。壊されて困るものは、猫の手の届かない戸棚の中にしまいます。

# ケージでの世話で気をつけること

どこかにはまってしまいそうな子猫がいる、仕事場で飼う、裁縫やちょっと留守にする間だけ、さまざまなケースでケージは活躍します。

## 広さより高さ優先

元気いっぱいでいたずらしてしまう子猫の場合やどうしても留守中に目を離しておけないなど特別な事情があるときは、ケージで飼うこともできます。スペースが許す限り、大きければ大きいほどよいです。猫は上下運動を好むので、登り降りできる高さのあるケージを選びましょう。

素材は、猫が登ったときに爪が引っかからない、スチール製やプラスチック製が理想的。多頭飼いの場合、仲がよければひとつのケージに入れても構いません。ただし、仲が悪いと逃げ場がなくなるので別々にしてあげます。

## 1 トイレ・水・食器は必ず入れる

猫はトイレの近くで食事を取らない習性があります。食事や水飲みの容器はケージの2階に、トイレは1階にするなど、離して置いてあげます。

**ケージ内に置いてはいけないもの**

ケージ内にはヒーターを置かないようにします。猫が長時間寝ていると、低温ヤケドをする可能性があります。

## 2 直射日光、まっ暗になる場所には置かない

日中に直射日光が当たり続ける場所、逆に洗面所など夜に電気を消すと、まっ暗になる場所は避けます。夜でも少しは光が入るリビングに置きましょう。

**留守番用のケージ**

子猫を留守番させる場合、好奇心をくすぐるものがたくさんある部屋は危険と隣り合わせ。どうしてもしまえない場合は、ケージの中で留守番させるのも1つの方法です。

## 3 飲み込みそうな小さなおもちゃは入れない

ケージに入れるひとり遊び用のおもちゃは、うっかり猫が飲み込まないサイズのものを選びます。大きなボールや太いロープなど安全なものを選びましょう。

**リボンにも要注意**

小さなボールやリボンなどのヒモ状のおもちゃにも気をつけましょう。飲み込んでしまうと、腸に詰まりやすく、開腹手術で取り出すこともあります。

# キャットタワーで猫が好む空間をつくる

高い場所が好きな猫にとって、上下運動ができ、休息の場にもなるのがキャットタワーです。

## 高い場所をつくって適度な運動を

猫は高い場所が好きです。野生で暮らしていたときは木など高い場所に登ることで外敵から身を守り、獲物を探していました。

猫の習性を理解し、また運動不足解消のためにも、高い場所に居場所を確保してあげたいものです。家具などを階段状に配置するという手もありますが、キャットタワーを設置してあげるとよいでしょう。持ち家であれば、部屋の高い位置にキャットウォークといわれる細い通路（梁）をかけるのもおすすめです。

今日も異常なし

## 1
## 窓から外が見える場所に設置

高いところから見張っていたいという猫の習性を活かし、キャットタワーは窓の近くに置きましょう。外の景色を眺めることが気分転換になります。

### 外を見るのが好き

室内飼いの猫にとって、窓は唯一外の世界に開かれた場所。窓の外を眺めることが好きな猫は多く、退屈させない工夫にもなります。

極楽じゃ

## 2
## 休息の場所にもなる

市販のキャットタワーには猫がすっぽり入れる箱やベッドがついていて、種類も豊富。高い場所は猫にとって安全な場所として安らげます。

### 家具を利用して運動ができるように

キャットタワーが置けない場合は、カラーボックスや椅子などの家具を階段状に設置し、本棚やタンスの上に登れるようにします。

大丈夫なんで
しょうね

## 3
## 自作する場合は十分な耐久性を

キャットタワーやキャットウォークは猫が飛び乗る際にかなりの衝撃がかかります。ケガをさせないためにも、飛び乗っても壊れない頑丈なものを。

### 自作は難しい

専門家でない限り、強度が高いキャットタワーを自作するのは難しいもの。無理につくろうとせず、工務店などに依頼しましょう。

# 寝床の好みを知る

猫が寝る場所はいわゆる猫ベッドに限りません。ソファの背もたれの上や洗濯物の上、家電製品の上など、いくつもあります。

## 猫に寝床を選ばせる

猫は1日のほとんどを寝て過ごします。それだけに、寝床は少しでも快適にしてあげたいものです。寝床の好みは猫それぞれ。季節や年齢によっても好みが変わります。いくら高価なベッドを買ってきても、それを気に入るかは猫次第。猫は自分で寝床を選びたいのです。部屋の中に、いくつか寝床となりそうなものを置いておき、自分の猫がどんな材質・形を好むのかを見つけてあげましょう。多頭飼いの場合は、それぞれの猫に寝床を用意します。ベッドや箱に猫の好きな毛布を詰めてあげると安心できます。

## 1 目の届く、静かな場所に置く

猫がゆっくり眠れるよう、静かで落ち着ける場所を選んであげます。なおかつ、猫の体調の変化などにすぐに気づけるよう、目の届く場所がベスト。

### 快適なベッドとは

猫の好みはまちまちですが、大きさはおおむね猫の体がほどよく収まるものを選ぶとよいでしょう。大きすぎると保温力が下がります。

## 2 冷たい場所、暖かい場所をつくる

夏は直射日光が当たり続ける場所は避け、クールマットなども置いてあげます。猫が自分で冷たい場所や暖かい場所へと移動できるようにします。

### 寝床を選ぶ基準

猫は、温度や湿度がちょうどよく、静かで安全な場所を寝床として好みます。夏は風通しがよいところ、冬は暖かいところを見つけては寝ています。

## 3 フリースやウールは誤飲の恐れも

寝床にタオルや毛布を敷いてあげるのもよいですが、フリースやウールを食べてしまう猫も中にはいます。しつこく噛む場合は寝床に入れないこと。

### 低温ヤケドしにくい湯たんぽ

猫の防寒グッズとしては、湯たんぽがおすすめ。湯たんぽはヒーターより低温ヤケドを起こす危険性が低いのです。

# 猫が気に入る最高のトイレ

掃除やにおいを気にして飼い主が選んだシステムトイレ。実は、我慢して使っている猫も。

## においがこもるのは嫌

猫が快適に排泄できる理想的なトイレとは、どんなものでしょうか。大きさは、猫の頭の先からお尻までの長さの1.5倍はあるもので、大きければ大きいほどよいでしょう。深さも、猫が排泄後に砂をかけたとき、飛び散りにくい深めのものがおすすめです。砂も排泄物をかぶせられる十分な量が必要です。

屋根つきのトイレは、においがこもりやすいのが難点。排泄中は無防備になりますから、逃げ出しやすいトイレのほうが猫も安心です。屋根がないタイプを選びましょう。

1

## トイレは猫の数＋1個

夜間や、飼い主の留守中はトイレの掃除が滞ります。気持ちよく排泄できるように、もうひとつトイレを用意しておくのが理想的です。

あとできれいにしてね

### 老猫には段差解消を

老猫は関節が弱っているため、トイレの縁をまたぐのが辛いことも。トイレの前にスロープ状のものを設け、トイレに入りやすくします(P136)。

### トイレを新調したら

新しくトイレを買ったときは、猫のにおいがついた、今まで使っていた砂を入れます。そうすることで、猫がスムーズにトイレを使うように。

2

## 猫砂はなるべく砂に近いタイプを使う

野良猫は砂場の砂を好みます。いろいろな種類の猫砂が市販されていますが、できるだけ天然の状態に近い鉱物系の砂を選ぶのがベスト。

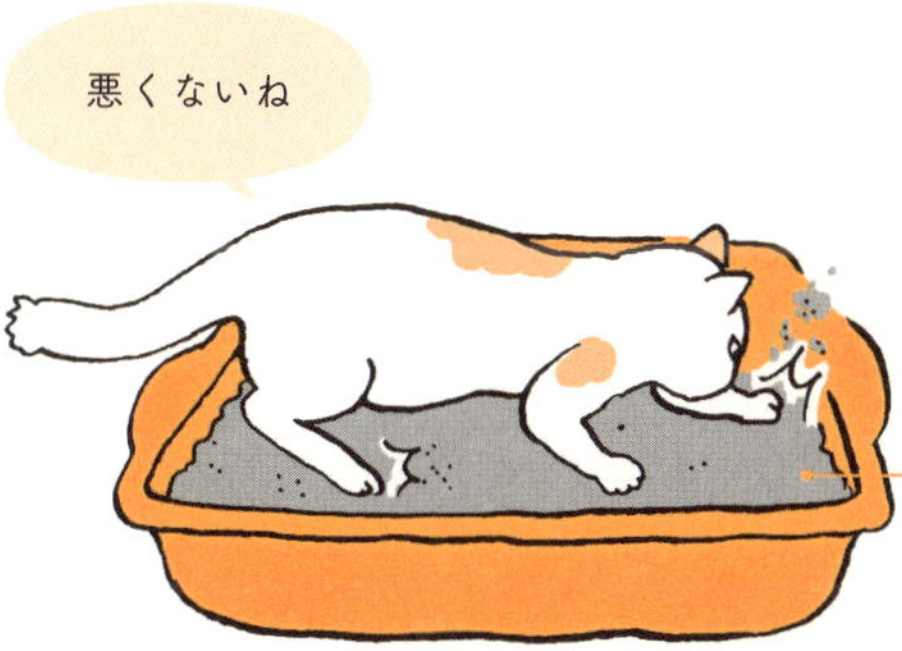
悪くないね

### 砂は数種類試してもよい

猫にはそれぞれ好みの感触があります。数種類の猫砂を試してみてもよいでしょう。

3

## 普段過ごしている場所と遠くない場所に置く

人の通り道になるような場所や、洗濯機など大きな音がする場所だと落ち着いて排泄できません。日頃生活している場所からそんなに離れていない場所に置きましょう。

### 光の届く場所に

消灯すると完全にまっ暗になる場所も避けたほうがよいでしょう。いくら暗いところでもよく見える猫でも見えません。

# 猫好みの爪とぎ板を置こう

爪とぎ板は形・素材が豊富。ベッドの縁が爪とぎ板になっているものもあり、猫の好みにあったものを選びましょう。

## 爪とぎ板を置いて猫も人も快適に暮らそう

いくら爪切りをしていても、爪とぎ（P58）は猫の本能的な行動。やめさせることは難しいものです。だからといって、大切な家具や壁紙などを傷つけられても困ります。

お互いが気持ちよく暮らすために、爪とぎ板を用意しておきましょう。爪とぎ板は、革製品や家具など、マーキングの対象になりやすい家具のそばや、部屋の隅に置くのがおすすめです。爪とぎ板にはさまざまな種類のものが市販されています。いろいろと試し、猫が気に入るものを選んであげましょう。

1

## 板の種類は複数試す

爪とぎ板の素材には、木製、段ボール製、麻製、カーペット製などがあります。いずれも爪を刺し、引っかくようにして爪とぎします。猫によって、それぞれ好みは違いますから、複数試してみましょう。

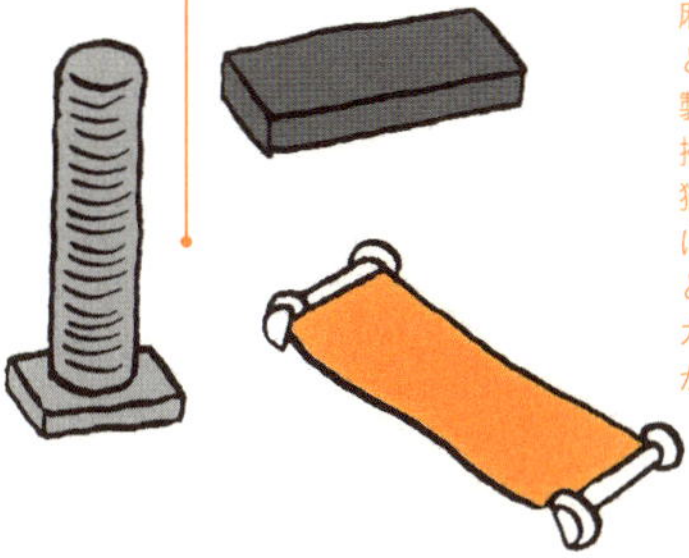

### 素材による違い

麻製は爪が刺さりやすい上に、とぎカスが少ない。段ボール製は安価ですが、とぎカスの掃除が必要。もともと野生の猫が爪とぎに使っていた木製は長持ちしますが、段ボールと比べると使いにくい点も。カーペット製は長持ちしますが、高価。

2

## 余裕があれば複数個設置する

ここでなければいけないという設置場所はありません。スペースに余裕があれば床に置いたり、壁に垂直に置いたりして、複数個設置を。

より鋭く！
より美しく！

### 爪とぎ板の設置場所

爪とぎ板はとがれたくない家具や部屋の隅に置きます。少量のマタタビをかけると、そこでといでくれることも。

3

## 子猫のときに爪とぎトレーニングをする

爪とぎ板の前へと連れて行き、前足を持ってとぐように足を交互に動かします。自分のにおいがつくことで、そこで爪とぎをするようになります。

### 定期的に交換する

爪とぎの目的は、古い爪をはがして、新しい爪を出すこと。使い込んだ爪とぎ板ではとぎの効果が薄れ、使わなくなります。

?
なんですの？

# 老猫が過ごしやすい部屋をつくる

年齢とともに体力が低下します。歳を重ねても元気な猫もいるので、猫の身体能力に合わせて、危険を取り除きましょう。

## 猫のバリアフリー

若いうちは、体をよく動かすことで骨や筋肉が鍛えられます。そのため、キャットタワーなど上下運動できる場所が必要になります。

しかし、年齢を重ねるにつれ、筋力は低下していきます。高い場所から落下すると、思わぬケガを負う可能性があり危険です。老猫期を目前とした13〜14歳頃からは、キャットタワーを撤去し、床周りで生活させるようにします。室内に段差をなくすなどして環境を整えてあげましょう。ソファなどそれほど高さのないところからの落下で骨折することもあるようです。

## 1
## 五感の衰えにも配慮する

年齢とともに、視力や聴力など五感も衰えます。各機能の低下により状況を把握しにくくなってくるため、模様替えは極力控えるようにします。

### 兆候を見逃さないで

猫と視線が合わない場合、失明をしている可能性があります。また、猫の鳴き声が大きくなると、聴力が衰えていると考えられます。

こ、ここはどこ？

## 2
## 室内温度を管理する

老猫は体温調節が難しくなります。窓際と部屋の中央で室温に差がないよう、また外気との温度差もありすぎないよう気をつけます。夏は28℃くらい、冬は22〜24℃くらいの室温が理想的。

Pi!
年寄りはいたわって

### 湿度にも気を配る

冬の室内は乾燥しがち。乾燥は猫にとってもよくありません。加湿器を置くなどして、湿度を50%くらいに保ちましょう。

## 3
## 段差、キャットタワー、階段は要注意

転落など思わぬ事故を防ぐためにも、キャットタワーは取り除きます。階段の前にフェンスを置くなどして、段差のあるところは登り降りさせないようにしましょう。

行き止まり……

### 運動不足にならないために

老猫は上下運動が難しくなるため、運動不足になりがちに。少しでも運動ができるようおもちゃでの遊びに切り替えることで、足を引きずるなど体の異常にも気づけます。

# 猫にストレスを与えない引っ越し

食器やトイレなど、猫のものだけでなく、家具もなるべく新調せず、引っ越し前の家と同じにおいを持って行きましょう。

## 環境の変化をなるべく小さくする

引っ越しは、大きな環境の変化です。それまで住み慣れた場所から、新しい環境に移ることは、飼い主だけでなく、猫もストレスを感じるものです。引っ越しにあたって、ストレスをなるべく与えないよう細心の注意を払いましょう。

新しい部屋に加え、家具など何もかも新調すると、猫が慣れるまでに時間がかかります。食器やトイレ、キャットタワー、タオルなど、猫のにおいがついたものは、できるだけそのまま使うようにしましょう。

## 1 脱走に要注意

荷物の運び出しでドアは開けっぱなしになりがちです。引っ越し業者に驚いて逃げ出す可能性もあります。作業中はキャリーケースに入れておきましょう。

### 落ち着くまでホテルに預ける

引っ越し作業はどうしても人やものの出入りで慌ただしくなってしまいます。猫のストレスにもなりますので、引っ越し作業が落ち着くまでペットホテルに預けるという方法もあります。

## 2 引っ越し後、調子が悪ければ動物病院へ

個体差がありますが、早い猫は数日、遅い猫でも数週間で新居に慣れます。環境が変わることで、食欲が多少落ちることもあります。様子をよく見ておき、具合が悪そうならば動物病院で診察を。

### 症状は具体的に伝える

動物病院へ猫を連れて行った際、症状は具体的に伝えましょう。例えば、1日の排泄の回数や量、食べるフードの量など細かくメモしておくとわかりやすくなります。

## 3 最寄りの動物病院を調べておく

ストレスで体調を崩すことも考えられます。引っ越し前に、あらかじめ新居の近くの動物病院がどこにあるか、調べておくと安心です。

### 近くて通いやすい距離

緊急時や頻繁に通院が必要になったときを考慮すると、片道30分以内がおすすめ。

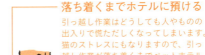

# 快適キャリーケースで外出する

猫は体がやわらかく、脱走の可能性もあるので、犬のようにハーネスで外出できません。キャリーケースを使いましょう。

## 上開き・プラスチック製がベスト

猫を連れて出かけるときにはキャリーケースを利用します。さまざまな種類のものが市販されていますが、動物病院へ連れて行く際には前面だけでなく、上が開くものがおすすめ。上部を開けた状態でそのまま診察することができるからです。プラスチック製のものを選べば、猫の爪が引っかかることもありませんし、汚れても洗うことができます。

　キャリーケースに慣れさせておくと、万が一、災害などで避難する際も役立ちます。

## 1 普段から部屋に置いて慣れさせる

動物病院に行くときだけ猫をキャリーケースに入れていると、ケース自体を警戒するようになってしまいます。普段から猫が過ごす部屋に置き、中に入ると落ち着ける場所なのだと慣れさせます。

見慣れた景色

**快適性を高めて**

キャリーケースの大きさは、猫が中で寝転がっても足を伸ばせるような、少し大きめなもの。中にはタオルや毛布を敷いてあげます。

## 2 電車移動はマナーを守る

電車にはいろいろな人が乗っています。車内では猫を絶対に出さないように。猫に負担を与えないためにも、ラッシュ時の移動は極力避けましょう。また、電車に乗る前は、手回り品のきっぷを駅で買いましょう。

**車での移動は**

車で移動する際は、キャリーケースに入れ、ケースの上からシートベルトをします。夏の車内は50℃を超えることもあります。車で猫を待たせる際は、エアコンを止めないように。

## 3 待合室でも絶対に出さない

動物病院の待合室には他の動物もいます。怖がりな猫の場合は、キャリーケースの上から毛布やタオルをかけるなどして視界を遮っておきます。

なれあいは
嫌いさ

**長時間の利用は**

キャリーケースにペットシーツを敷きます。また、車での移動時などで可能であれば1〜2時間ごとにキャリーケースから出してあげるなどの休憩を入れましょう。

**飼い主同士の情報交換**

病院の待合室では、同じ悩みを抱える飼い主に会うことも。悩みの共有や情報交換の機会にもなります。

COLUMN 5

# 理想の部屋のおさらい

### ①キャットタワー

猫は高い場所を好みます。運動不足解消のためにも上下運動をさせることは大切です。キャットタワーは窓から外が見える位置に。筋力が低下してくる13〜14歳頃には取り除き、床での生活に切り替えます。

### ②キャリーケース

キャリーケースに入ることに慣れさせるために、日頃から猫が過ごす部屋に置いておきます。前面だけでなく、上開きができて、プラスチック製のものを選びます。

### ③トイレ

大きくて深く、屋根がないタイプのトイレを用意します。猫砂はなるべく砂に近いものが好まれます。猫の数＋1個設置しておくのが理想的です。落ち着いて排泄でき、普段過ごしている場所と遠くない場所に置きます。

### ④机の上

猫がうっかり何かを食べてしまったり、大切なものにいたずらしたりしないよう、机の上は片付けておきます。人の食べ物や薬には、猫が食べると危険なものがあるので注意しましょう。

### ⑤冷たい場所

夏はエアコンの風が直接当たるのを嫌がる猫もいます。クールマットなどを用意しておき、猫が冷たい場所へと自由に移動できるようにしておきましょう。

### ⑥コードのカバー

電気コードを猫がかじると感電する恐れがあります。できるだけ見えない場所に隠すようにしておくか、どうしても隠せない場合は感電防止用のカバーをしておきます。

### ⑦爪とぎ板

爪とぎは猫にとって本能的な行動です。家具や壁紙などに爪とぎされないためにも、爪とぎ板を置いておきましょう。スペースに余裕があれば複数個置いておきます。

### ⑧寝床

猫に選ばせてあげるためにも、いくつか寝床となる場所を用意しておきます。猫が落ち着けて、なおかつ、飼い主の目が届く場所に置くのが理想的です。

第6章

# 猫のお役立ちデータシート

# 猫の寿命とライフステージ

家猫、半外猫、野良猫では、平均寿命が違います。また猫と人間では成長のスピードも違います。

## 家猫の平均寿命は15歳

平均寿命は、どのような環境で生活しているかによって違いがあります。「家猫」といわれる完全に室内生活をしている猫は約15歳、室内と屋外を行き来する「半外猫」が約12歳、屋外生活の「野良猫」が5〜10歳です。動物医療の発達や飼い主の意識の向上などから、昔に比べ家猫の平均寿命は少しずつ延びています。人の食事をもらうことが少なくなり、キャットフードの品質が上がったことも要因のひとつです。半外猫と野良猫は交通事故や感染症の危険があるため、家猫よりも平均寿命が短めになってしまうのです。

## 猫と人間の年齢換算表

猫は人間よりも何倍もの速さで成長します。生まれてから18カ月で人間なら成人に、10歳では中高年に達します。老化のスピードも、猫は人間より速いのです。

| ライフステージ | 猫の年齢 | 人の年齢 | 必要なケア |
|---|---|---|---|
| **子猫期**<br>一番元気で、猫として猫社会のルールを学ぶ時期です。 | 0〜1カ月 | 0〜1歳 | 異物の誤飲に注意。また、健康診断とワクチン接種は体調がよい日に。副作用が出ることも考慮して、午前中に受ける。 |
| | 2〜3カ月 | 2〜4歳 | |
| | 4カ月 | 5〜8歳 | |
| | 6カ月 | 10歳 | |
| **青年期**<br>大人の入り口で、性成熟を迎える時期です。メスは生後5カ月〜12カ月で、オスは生後8カ月〜12カ月で性成熟します。 | 7カ月 | 12歳 | 去勢・避妊手術を行う時期（生後6カ月以降、体重2.5kgを目安）。また、食事を子猫用から成猫用に切り替える。 |
| | 12カ月 | 15歳 | |
| | 18カ月 | 21歳 | |
| | 2歳 | 24歳 | |
| **成猫期**<br>気力、体力が一番充実している時期です。野良猫のボス猫は、多くがこの年代です。 | 3歳 | 28歳 | 精神的、肉体的に最も充実した時期。ただし、病気の備えは必要。年に一度は健康診断を。 |
| | 4歳 | 32歳 | |
| | 5歳 | 36歳 | |
| | 6歳 | 40歳 | |
| **壮年期《そうねん》**<br>体力が徐々に落ちてくる時期です。現代の医療レベルに達する前は、この時期から「シニア」とされていました。 | 7歳 | 44歳 | |
| | 8歳 | 48歳 | |
| | 9歳 | 52歳 | |
| | 10歳 | 56歳 | |
| **中年期**<br>「シニア」といわれるのは、この時期からです。13歳から目や膝、爪などに老化が見られます。 | 11歳 | 60歳 | 運動能力が衰えてくるので、キャットタワーの高さを低くする。病気も増えるため、食欲や体重、飲水量の観察をこまめに。 |
| | 12歳 | 64歳 | |
| | 13歳 | 68歳 | |
| | 14歳 | 72歳 | |
| **老猫期**<br>余生をのんびりと過ごす一方で、体調を崩しやすい時期です。環境の変化や猫だけの留守番は極力控えましょう。 | 15歳 | 76歳 | 五感も衰え、環境の変化に対応しにくくなるため、引っ越しや模様替えは避ける。病気の可能性はより高まる。日頃の観察と少しでも異変を感じたら、動物病院で相談を。 |
| | 16歳 | 80歳 | |
| | 17歳 | 84歳 | |
| | 18歳 | 88歳 | |
| | 19歳 | 92歳 | |
| | 20歳 | 96歳 | |
| | 21歳 | 100歳 | |
| | 22歳 | 104歳 | |
| | 23歳 | 108歳 | |
| | 24歳 | 112歳 | |
| | 25歳 | 116歳 | |

参考資料：AAFP（全米猫臨床家協会）、AAHA（全米動物病院協会）

# 動物病院選びのチェックポイント

猫にやさしい動物病院も増えてきています。自分の猫に合った動物病院を選びましょう。

## 猫のストレスが少ない病院を選ぶ

動物病院を嫌がり、大きなストレスを受ける猫は多いものです。最近では猫専門の動物病院も年々増えています。

「キャットフレンドリークリニック」という、猫にやさしい動物病院としてISFM※によって認定される国際基準の規格があります。待合室が犬と猫で別になっている、猫用の診察室がある、など100以上の項目をどれだけ満たしているかによって、レベルごとに認定されます。動物病院を選ぶ際の目安としてもよいでしょう。

※International Society of Feline Medicine＝国際猫医学会。イギリスに本部があり、猫に関する有識者によって設立。日本公式パートナーの団体としてJSFM（Japanese Society of Feline Medicine）がある。

飼い主にも
猫にも安心

# 動物病院チェックシート

動物病院を選ぶにあたって参考にしてみましょう。

- [ ] 待合室や診察室など院内が清潔
- [ ] 病気や治療、検査についてきちんと説明してくれる
- [ ] 猫に対する扱いが丁寧
- [ ] 猫に詳しく、知識が豊富
- [ ] 治療や検査にかかる費用を事前に提示してくれる
- [ ] 診療費の明細がわかりやすい
- [ ] ちょっとした疑問や相談にも丁寧に答えてくれる
- [ ] 通院しやすい場所にある、または往診が可能
- [ ] セカンドオピニオンに対応してくれる
- [ ] 獣医師と相性が合う

# 猫1匹の生涯支出は130万円

健康管理にお金をかけましょう。結果的に、病気の治療にかかる費用よりも安くつくこともあるのです。

## いざというときに備えて「猫貯金」を

猫を飼育するためにはお金がかかります。「家猫」の平均寿命は15歳。その生涯の医療費は健康診断や予防接種代も含め、1匹あたり130万円ほどになることも。特に病気が多くなってくる10歳以降は、医療費が増え、猫にかかる出費もかさみます。猫を迎え入れると同時に貯金を始めておくと安心です。子猫の頃から、良質な食事はもちろん、健康診断や予防接種などにもお金をかけておきたいもの。それが病気の予防や早期発見につながることになるのです。

1

## 猫の飼育費用

各円グラフの多数派を参考に、猫の飼育にかかる出費の目安を概算します。年間で食事代3万円、医療費3万円、その他3万円で、計約9万円の費用が必要。平均寿命は15歳なので、生涯にかかる金額は、約135万円。初期費用などを含めると、これ以上の金額が必要となります。

### 食事代（年額）

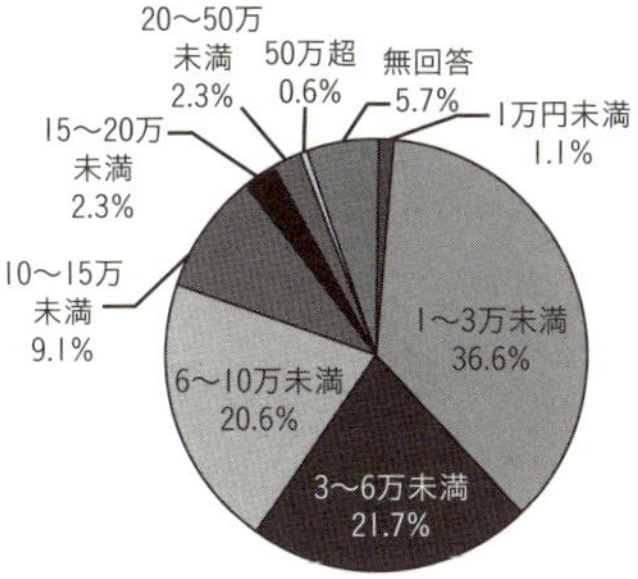


一番多いのが、年間「1〜3万円未満」で猫飼育者の1／3以上。医療費やその他費用に比べ、3〜10万円の比率が高いことからも飼い主の食事の意識の高さが伺える。

### 医療費（年額）

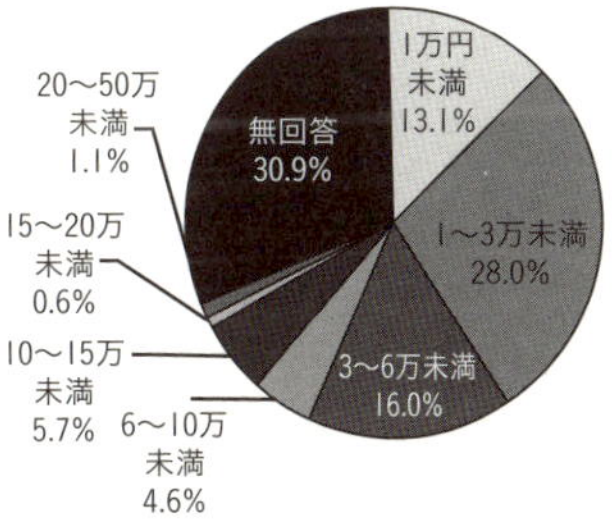


年間「1〜3万円未満」が最も多く、猫飼育者の1／4以上。次に多いのは「3〜6万円未満」。

### その他の費用（年額）
### （食事代・医療費以外）

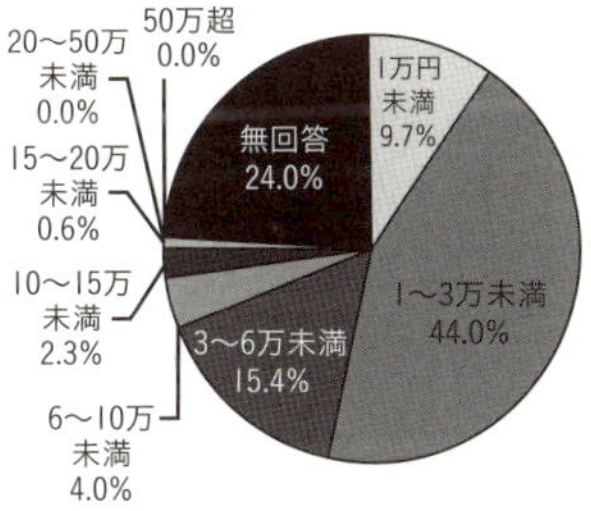


年間「1〜3万円未満」が猫飼育者の約半分。次に多いのが「3〜6万円未満」。

2

## 初期費用（最初に用意するもの）

| | |
|---|---|
| ○食器　1,000 〜 2,000 円 | ○キャリーケース　3,000 〜 1 万円 |
| ○爪とぎ器　500 〜 4,000 円 | ○首輪　500 〜 3,000 円 |
| ○トイレ　2,000 〜 4,000 円 | ○お手入れ用品　4,000 〜 1 万円 |
| ○ベッド　1,000 〜 1 万円 | 合計 1 万 2,000 円〜 4 万 3,000 円 |

※円グラフは東京都における犬及び猫の飼育実態調査（平成23年度）をもとに作成（n＝175）

# 猫《ねこ》種《しゅ》別《べつ》のかかりやすい病気

純血種は、人間によってつくり出された猫種《ねこしゅ》。飼う前にその猫種《ねこしゅ》の特性を調べておくことが大切です。

## 純血種にはかかりやすい病気がある

犬ほど多くはありませんが、猫は猫《ねこ》種《しゅ》別《べつ》に「スタンダード※」が決められた純血種がいます。顔つきや体型、長毛か短毛かなど、こんな猫がほしいという人間の目的にかなうように、長い時間をかけてつくり出されたのが純血種です。雑種と違い、純血種は同じ血統同士でかけあわせるため、猫種によって遺伝的に発生しやすい病気がどうしても生じます。どのような病気があるのか、飼う前にあらかじめ知っておくのは大切です。また、性格にも傾向があります。

※キャットクラブが定めた猫種《ねこしゅ》ごとの姿の特徴

## 純血種の猫と病気

人気のある純血種とかかりやすい病気を紹介します。表以外にも、ノルウェージャンフォレストキャット：糖原病、肥大型心筋症など、ベンガル：末梢神経障害など、シャム：接合部型表皮水疱症など、ブリティッシュショートヘア：多発性腎のう胞などになりやすいといわれています。

| | 猫種 | | 性格の傾向 | かかりやすい病気 |
|---|---|---|---|---|
| 大型（5kg以上） |  | メイン・クーン | 人懐こい、穏やか | 心臓病（肥大型心筋症） |
| |  | ラグドール | 穏やか、おとなしい | 心臓病（肥大型心筋症） |
| 中型（3kg～5kg） |  | スコティッシュ・フォールド | 温和 | 骨軟骨異形性症、心臓病（肥大型心筋症） |
| |  | マンチカン | 活発、陽気 | ろうと胸、関節疾患、皮膚疾患 |
| |  | アメリカン・ショートヘア | 穏やか、活発 | 心臓病（肥大型心筋症） |
| |  | アビシニアン | 活発、やんちゃ | 血液の病気、肝臓病、アトピーやアレルギーによる皮膚疾患、眼病、アミロイド症 |
| |  | ペルシャ | 穏やか、のんびり | 腎臓病、眼病、皮膚疾患 |
| 小型（2kg～3kg） |  | シンガプーラ | おとなしい、人懐こい | ピルビン酸キナーゼ欠損症 |

# 注意したい病気

猫に一番多い腎臓病をはじめ、どの病気においても、早期発見・早期治療が大切です。

## 病気のサインを見逃さない

猫がかかりやすい病気で一番多いのが腎臓病です。腎臓病は病名ではなく、腎臓の機能が悪くなる病気の総称。腎臓病にはさまざまな病気があります。病気を悪化させないためには、早期発見が欠かせません。多飲多尿、食欲がない、嘔吐《おうと》、やせるなどは腎臓病のサイン。これらのサインが見られたら、動物病院へ。具体的な病名を調べてもらい投薬、点滴など状態に合わせた治療をしてもらいましょう。

腎臓病以外にも注意したい主な病気は表の通り。ワクチンで予防できるものもあります。

## 猫がかかりやすい病気

ワクチン接種と完全室内飼育で予防可能　　ワクチン接種で予防可能

| 病名 | 概要／主な症状と予防 | 病名 | 概要／主な症状と予防 |
|---|---|---|---|
| 猫免疫不全ウイルス感染症（ネコエイズ） | 猫同士の外でのケンカの傷から感染。無症候キャリア期を経て発症する。感染すると完治は望めないが、発症しない場合もある。<br>主な症状は、免疫機能の低下、慢性の口内炎など。 | 気管支炎・肺炎 | ウイルス性による猫風邪をこじらせることで発症する場合が多い。発症すると進行が早いため、気づいたら少しでも早く治療を。<br>主な症状は、せきが続く、発熱、肺炎による呼吸困難など。 |
| 猫白血病ウイルス感染症 | 感染猫の唾液との接触、母猫のお腹の中で感染することが多い。数週間～数年間の潜伏期間がある。発症すると回復の可能性は低い。<br>主な症状は、食欲不振、発熱、下痢、貧血、リンパ腫など。 | リンパ腫<br>（※） | 白血球の一種であるリンパ球のがん。<br>がんの場所にもよるが、食欲不振や体重減少などが主な症状。がんは発見が遅れがちなので注意を。<br>※原因のひとつである猫白血病ウイルス感染症はワクチン接種で予防可能。 |
| 猫ウイルス性鼻気管炎 | 感染猫との直接接触、鼻水や唾液から感染。一度感染すると体内にウイルスが残る場合があり、体力が低下したときに発症する可能性がある。<br>主な症状は、くしゃみ、鼻水、発熱、結膜炎など。 | 乳腺腫瘍 | 乳腺に腫瘍が起こる病気。高齢のメスがなりやすい。約９割が悪性であるといわれ、肺やリンパ節に転移しやすい。<br>主な症状は、胸部や腹部に硬いしこりが見られる。早めに避妊手術を受ければ、発生率が低下する。 |
| 猫汎白血球減少症 | 感染猫との接触で感染。腸に炎症を起こし、白血球が急激に減少、致死率が高い病気。<br>主な症状は、発熱、嘔吐、血便。子猫の場合は特に激しい嘔吐と下痢を繰り返す。 | 糖尿病 | 血糖値の高い状態が続く病気。人間の糖尿病に比べ、重い症状になりにくい。<br>主な症状は、多飲多尿、嘔吐、かかとをついて歩く、食べているのにやせるなど。肥満の猫に多いため、日頃から体重管理することが予防に。 |
| 猫カリシウイルス感染症 | 感染猫との接触による感染が多い。カリシウイルスが原因による猫の風邪の一種。<br>主な症状は、目やに、よだれ、涙、くしゃみ。重症になると口内炎や舌に潰瘍ができる。子猫や老猫は特に注意。 | 甲状腺機能亢進症 | 甲状腺ホルモンが異常に分泌され、新陳代謝がよくなりエネルギーを大量に消費する病気。８歳以降の高齢猫に多い。<br>主な症状は食欲旺盛と体重減少のほか、落ち着きがなく攻撃的になるなど。早期発見を心がけること。 |
| 猫クラミジア感染症 | クラミジアに感染した猫との接触で感染。<br>くしゃみ、せき、目やになど風邪の症状によく似ており、結膜炎を起こすことが多い。初期のうちに対処すれば早く治るが、重症化すると命に関わる場合も。 | 膀胱結石 | 膀胱内に結石ができてしまう病気。結石が膀胱粘膜を刺激することで、膀胱炎を引き起こす。<br>主な症状は、血尿が出る、頻尿になるなど。予防には､水をよく飲ませる、尿路結石対策用のフードに変える。 |
| 猫伝染性腹膜炎（FIP） | 腹膜炎や胸膜炎を起こすウイルス性の病気で致死率が高い。タイプにより目や腎臓に強い炎症を起こす場合も。<br>主な症状は、腹や胸に水がたまる、食欲不振、発熱、下痢など。ストレスのない生活で予防を。 | 巨大結腸症 | さまざまな原因で腸の機能が低下し、結腸に便がたまっていく病気。結腸が拡大すると便を押し出す力がなくなり、さらに便がたまる。<br>主な症状は便秘、慢性化すると食欲不振、嘔吐など。予防には便秘を解消させる。 |

# 猫に与えてはいけない食べ物

人の食べ物の中には、猫が食べてから症状があらわれるまでに時間がかかるものもあり、関連性がわかりにくいものも。

## キャットフードで充分

基本的にはキャットフードを与えていれば、栄養面での問題はありません。P26でも述べているように、主食には必ず「総合栄養食」と表記されたものを選びます。

人の食べ物には、猫が食べると、中毒症状を起こしたり、病気の原因となったりするものが多く含まれます。人の食事中に猫がやってくると、「少しなら」とあげたくなりますが、あげてしまうと毎回おねだりされるようになり、知らないうちに食べてはいけないものを食べてしまうことも。猫には人の食べ物をおすそわけしないことです。

## 猫にとって危険な食べ物

! ：危険度小　!! ：危険度中　!!! ：危険度大

| | 与えてはいけないもの | 猫への影響 |
|---|---|---|
| 野菜・果物 | タマネギ、長ネギ、ニンニク、ニラ<br>!!! | アリルプロピルジスルフィドという成分が血液中の赤血球を破壊し、2～3日後に貧血を起こすだけでなく、場合によっては7日ほどで急性腎障害になることも。加熱しても成分は消えない。 |
| | アボカド<br>!! | 人間以外の動物が食べると、ペルシンという成分によって中毒症状を起こすといわれる。主な症状は、けいれんを起こす、呼吸困難になるなど。 |
| 魚介類 | 青魚（サバ、アジ、イワシ）、マグロ<br>! | 不飽和脂肪酸が多く含まれ、食べすぎると黄疸脂肪症に。症状は皮下脂肪や内臓脂肪の炎症、しこり、発熱、痛みなど。これらの魚ばかり食べていると、ビタミンEが不足し、症状が出る。魚原料のキャットフードにはビタミンEが添加されている。 |
| | アワビの肝<br>! | 食べたあとに日光に当たると、肝に含まれる成分により、「光線過敏症」に。特に3～5月に採れるものの肝には成分が多く含まれているので要注意。毛や皮膚の薄い耳に皮膚炎を起こしやすく、重症化すると壊死する場合も。 |
| | 生イカの内臓<br>! | チアミナーゼという酵素がビタミン$B_1$を破壊する。長期間大量に食べるとビタミン$B_1$不足となり、神経障害を起こし、ふらつきなどの症状が出る。イカは消化不良も起こしやすい。 |
| 肉類 | 生の豚肉<br>! | トキソプラズマという寄生虫が潜伏している恐れがある。猫が感染しても大きな症状は出ないが、猫の便を介して、人間に感染する可能性が。妊娠中の女性が感染すると胎児に影響がおよぶため、要注意。 |
| | 大量のレバー<br>!! | ビタミンAを豊富に含むため、長期間大量に食べ続けるとビタミンA過剰症を引き起こし、骨が変形するなどの症状が出る。レバーだけを大量に与えるのではなく、他のものもバランスよく、与えすぎないことが重要。 |
| その他 | 香辛料<br>!! | 唐辛子やコショウなどの香辛料は、猫には刺激が強すぎ。人間の食事は、香辛料をはじめ、いろいろな味付けがしてあるので猫に与えないように。 |
| | チョコレート<br>!!! | カカオの成分であるテオブロミンという物質が中毒症状を引き起こす。症状は、下痢、嘔吐、重症になると異常興奮、震え、発熱、けいれんなど。最悪の場合は死に至ることも。カカオ含有量が高いほど危険。 |
| | コーヒー、紅茶、アルコール<br>!!! | コーヒーや紅茶に多く含まれるカフェインは、興奮作用があるため飲ませない。アルコール類も絶対NG。猫はアルコールをうまく分解できないので、わずかな量でもアルコール中毒を起こしかねない。 |
| | ブドウ、レーズン<br>!! | 最近、犬にブドウ、レーズンを与えると、腎臓病を引き起こす可能性があるといわれている。猫にどのような影響があるのかはまだ不明だが、食べさせないようにしておくのが安心。 |

# ライフステージごとの食事

健康で長生きさせるためにも、食事はとても大切です。フードの種類だけでなく、食べさせ方にもひと工夫を。

## 子猫はフードを変えて偏食にさせない

猫に必要な栄養素とエネルギー量は成長度合いや年齢によって違います。特に気をつけておきたいのは子猫と老猫の時期です。ミルクを卒業し、子猫用のフードを食べられるようになったら、いろいろなメーカーのものを与えてみましょう。偏食を防ぐのに役立ちます。

老猫は、年齢とともに病気が増えてきます。体型や活動量に応じてフードを与えます。シニア向けはもちろん、病気に対応した食事の療法食も豊富です。獣医師の指導のもと選びましょう。

## 猫のライフステージと食事の注意点

| 猫のライフステージ | | 食事の注意点 |
|---|---|---|
| 子猫（～6カ月） | 哺乳期（～生後4週目） | 母猫がいる場合、母乳を飲んですくすく育つ時期。産後すぐの母猫の「初乳」を飲むことで、感染症に対する抵抗力や免疫力を譲り受ける。母猫がいない場合や母猫の母乳が出ない場合、子猫専用のミルクを用意。人が飲む牛乳はお腹を壊すことがあるため、避けたほうがよい。4～6時間置きに子猫専用の哺乳瓶やスポイトなどで飲ませる。初乳を飲んでいない可能性がある子猫は、免疫力が低いため、早い段階でワクチン接種が必要。 |
| | 離乳期（～2カ月） | 乳歯が生える生後4週目頃から高カロリーの離乳食を与え始める。この時期は、成猫の約3～4倍のカロリーが必要といわれている。離乳食は子猫用ドライフードを水かミルクでふやかすか、ペースト状になった離乳用フードを使う。最初はミルクと併用し、少しずつ離乳食の量を増やす。一度に食べられる量が少ないので、1日4～5回に分けて与える。1～2週間かけて離乳を完成させる。 |
| | 成長期（～6カ月） | 遊びや食欲も旺盛となり、著しく成長する時期。丈夫な体をつくるための大切な時期でもある。発育不良にさせないためには、消化がよく高タンパク・高カロリーの子猫用フードを用意し、生後2カ月頃からは1日3～4回与え、少しずつ与える回数を1日2～3回にする。健康で活発であればこの時期は食べたいだけあげても問題ない。ただし、うんちをよく確認し、下痢をする場合は与えすぎに注意する。 |
| 青年期（7カ月～2歳） | | これまで与えていた子猫用フードから、成猫用フードへと切り替える。総合栄養食のフードを1日2～3回与える。成長期に比べると1日に必要なエネルギー量は減る。体重1kgあたり、運動量の多い猫なら65kcal、運動量の少ない猫なら45kcalが目安に。与える分量については、キャットフードのパッケージに表示されている数字を目安にし、体重や運動量、食欲の様子などにあわせて調節する。 |
| 成猫～壮年期（3歳～10歳） | | 著しい成長を見せていた子猫～青年期をすぎ、成長は落ち着く。この時期から猫の1年は人間に換算すると4年というスピードで歳を重ねていく。肉体的、精神的にも充実した時期を迎えるが、猫によっては肥満傾向にも。肥満にさせると、さまざまな病気を引き起こしかねない。カロリーオーバーや偏食に注意し、おやつをあげる場合は1日の食事量全体の10%以内に抑える。 |
| 中年期（11歳～14歳） | | 年齢とともに老化が見え始める。シニア用フードに切り替え、食欲や体調の変化に気をつける。老化の進行具合は、同じ年齢でも人間でも人によって違いがあるように、猫も個体差がある。体力や免疫力も少しずつ落ちてくるため、徐々に病気も増える。特に水を飲む量が急に増えたり、減ったりすると、何かしらの病気の兆候が疑われる。食欲が落ちた場合は、歯周病などの可能性も。 |
| 老猫期（15歳～） | | 食事は猫の様子を見ながら、食べやすい状態にする。固形物が食べられるうちはドライのキャットフードでも。食欲が落ちていたらドライフードを水でふやかす、ウエットタイプなどやわらかいものにするといった工夫を。人肌に温める、少量のかつお節などで風味をつけるのも、猫の嗜好性を高める。病気の発症も増えるので、定期的な健康診断はもちろん、少しでもおかしいと思ったら早めに動物病院へ。 |

# おわりに

数年前、猫の行動学に関する海外学会に参加したときに、こんな話を聞きました。

**多くの犬は、飼い主さんによって食事と暖かい寝床を用意してもらい、何より深い愛情を注がれています。それゆえ、犬は飼い主さんのことを「神様だ！」と考えているそうです。**

**それでは猫はどうでしょうか？　猫も同じように飼い主さんによって食事と暖かい寝床を用意してもらい、何より深い愛情を注がれています。それゆえ、猫は自分自身が「神だ！」と考えているそうです。**

これはあくまでもジョークですが、猫の気持ちをよくあらわしているおもしろい話だと思います。猫は私たち飼い主をもしかしたら従順なしもべ？　と考えているのかもしれません。

そんな猫と一緒に暮らす上で、

「猫の気持ちをどうやって理解するか」「猫がよくする行動の真意を知る」「愛する猫が、健康に暮らすにはどうすればよいか」「もっと猫に好かれるにはどうすればよいか」、といったことを考えてみると、よりお互いが気持ちよく、健康的に過ごせるのではないでしょうか。

昔から「猫は何を考えているかわからない」とか、「猫は気分屋でつかみどころがない」などといわれることが多いです。しかし、猫と暮らしている方であれば、これは間違いであることはご存知だと思います。たしかに犬に比べれば猫は物静かではありますが、その気持ちをいろいろな手段で伝えようとしてくれています。そんな猫からのメッセージを見逃さないためには、ちょっとした知識とコツが必要です。

本書が猫の気持ちをよく知るため、そして猫に好かれる暮らしのヒントになれば幸いです。

東京猫医療センター　服部幸

# ネコのキモチ解剖図鑑

2016年1月1日　初版第1刷発行
2023年1月31日　　第5刷発行

監修者　服部 幸（東京猫医療センター院長）

発行者　澤井聖一

発行所　株式会社エクスナレッジ
〒106-0032
東京都港区六本木7-2-26
https://www.xknowledge.co.jp/

問合せ先　編集　Tel：03-3403-1381
Fax：03-3403-1345
info@xknowledge.co.jp
販売　Tel：03-3403-1321
Fax：03-3403-1829

無断転載の禁止
本誌掲載記事（本文、図表、イラストなど）を当社および著作権者の承諾なしに無断で転載（翻訳、複写、データベースへの入力、インターネットでの掲載など）することを禁じます。

©YUKI HATTORI